名店精選
美味拉麵調理技術

瑞昇文化

目錄——名店精選 美味拉麵調理技術

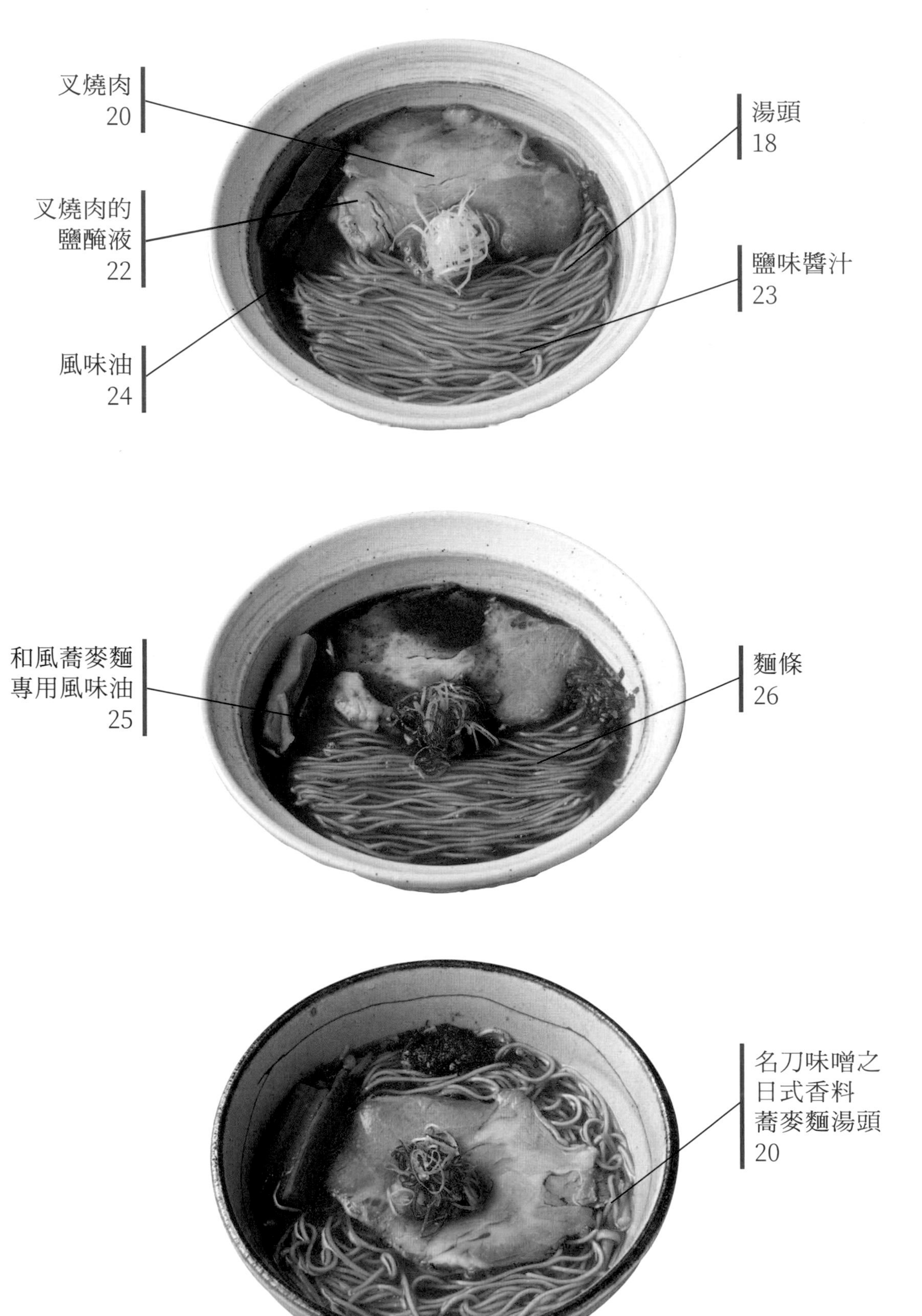

30 大阪・堺筋本町 ふく流ラパス分家 WADACHI

38 神奈川・上大岡 G麵7

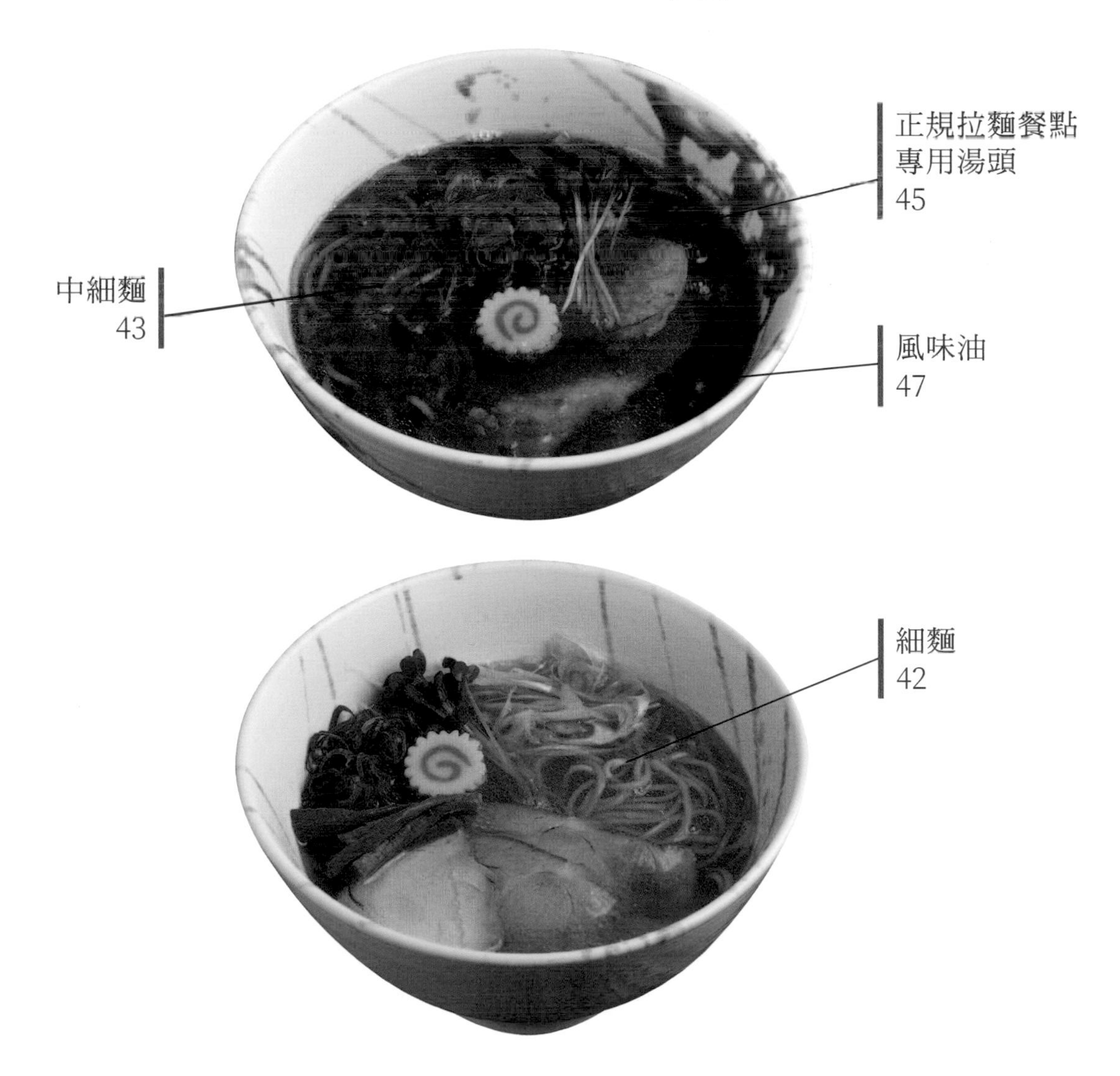

48 東京·府中 中華蕎麦 ひら井

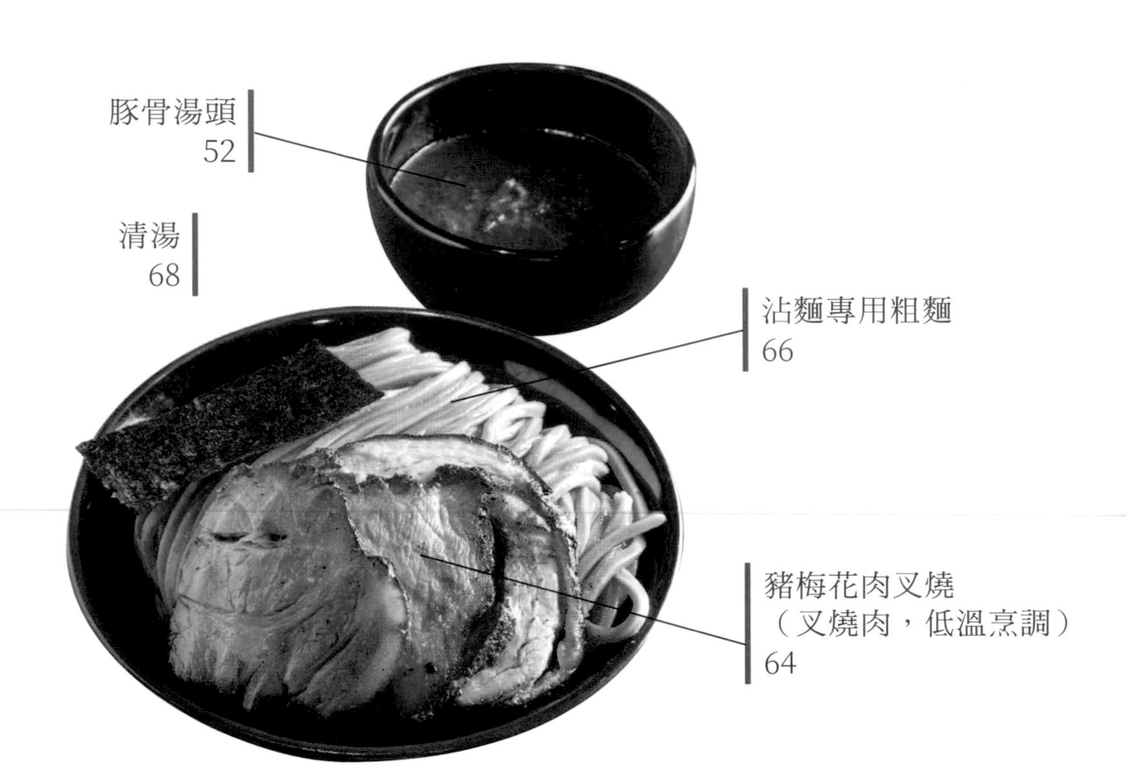

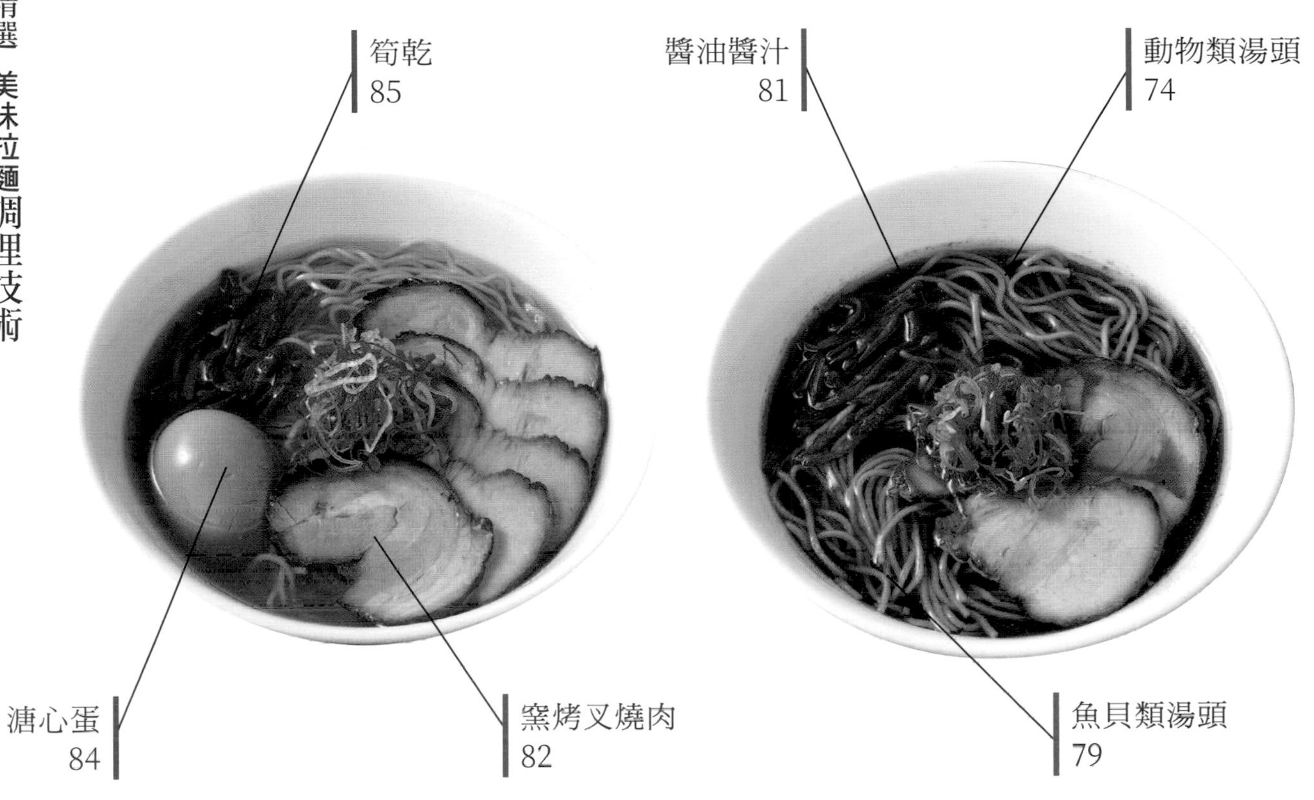
筍乾
85
醬油醬汁
81
動物類湯頭
74
溏心蛋
84
窯烤叉燒肉
82
魚貝類湯頭
79

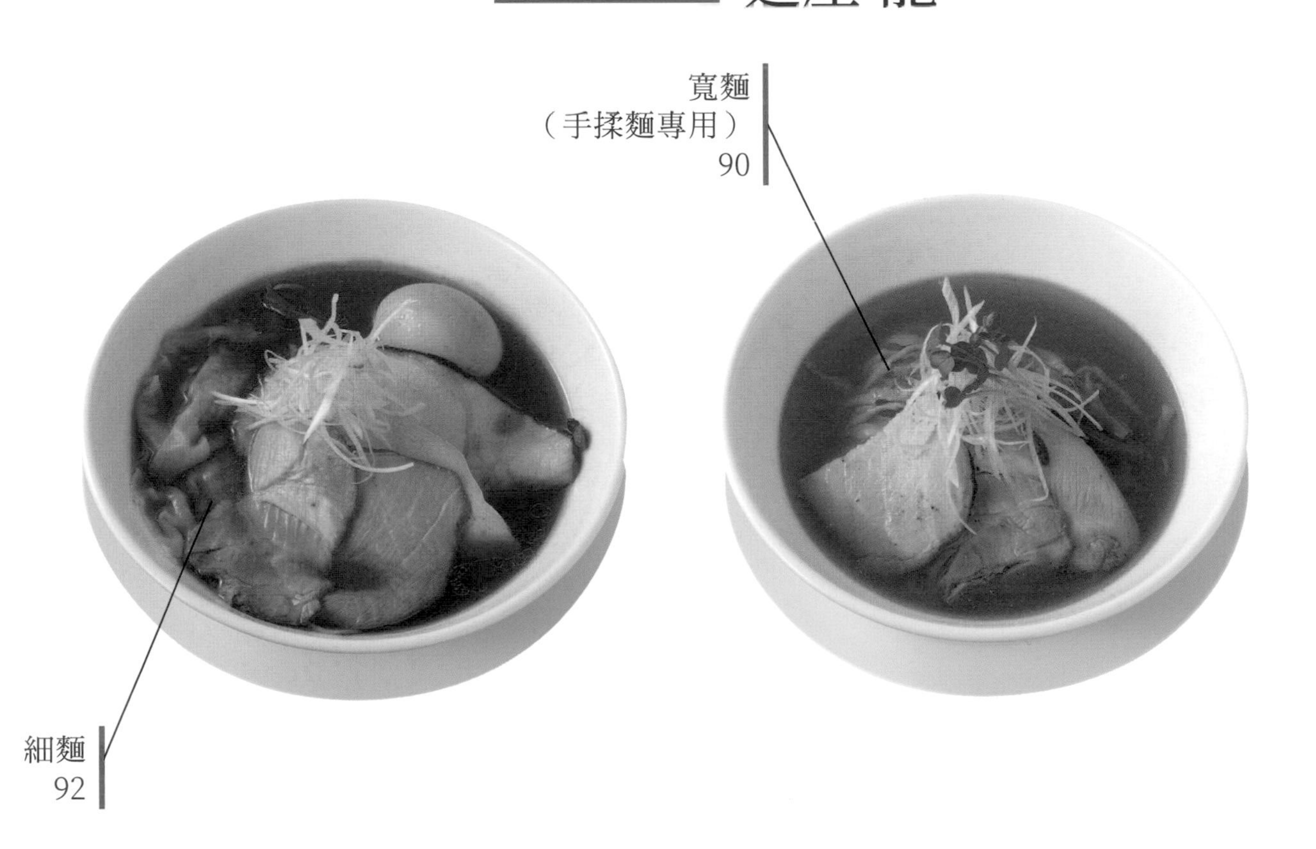
寬麵
（手揉麵專用）
90
細麵
92

96 東京·本駒込 自家製麵 ほんま

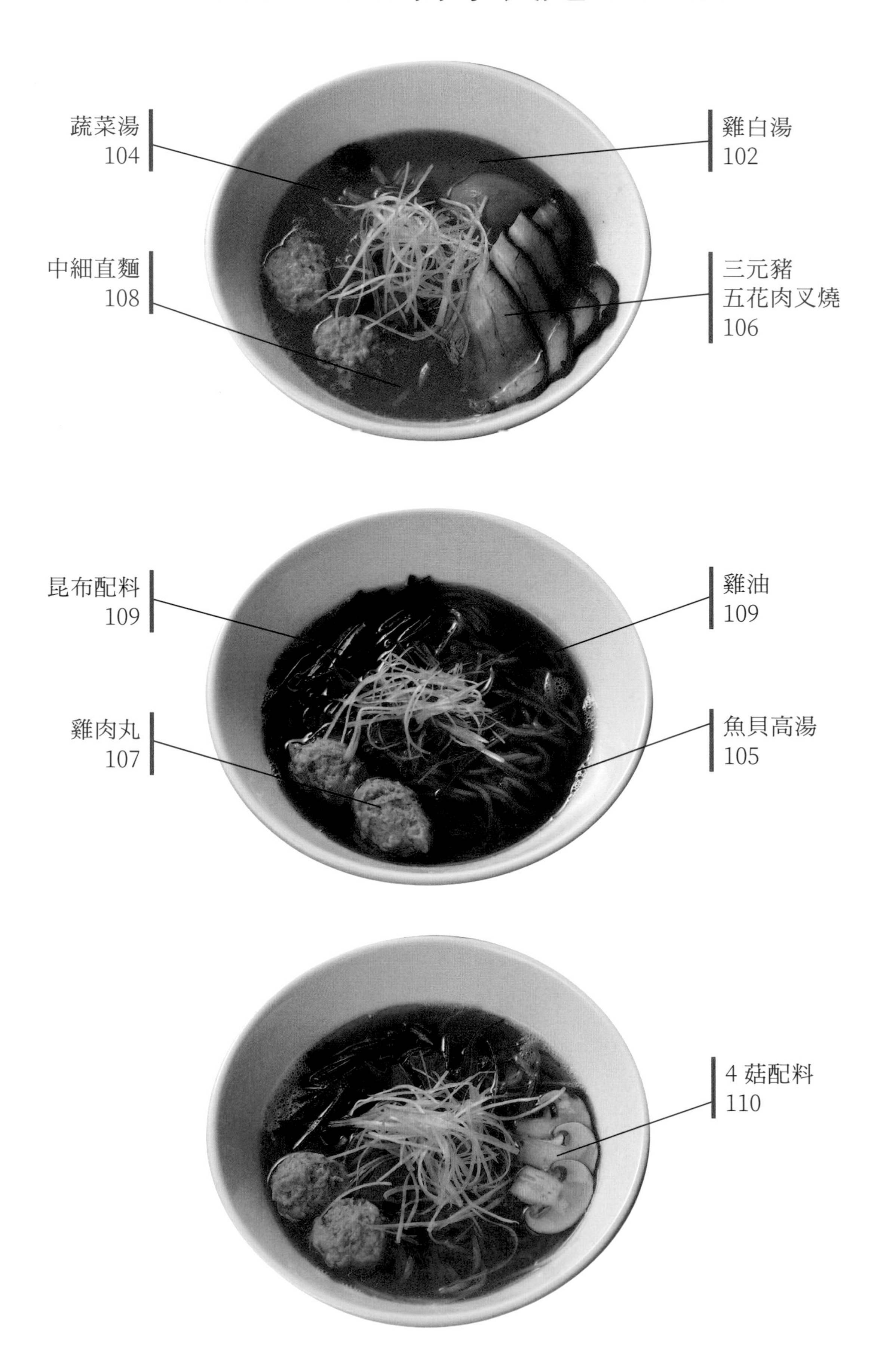

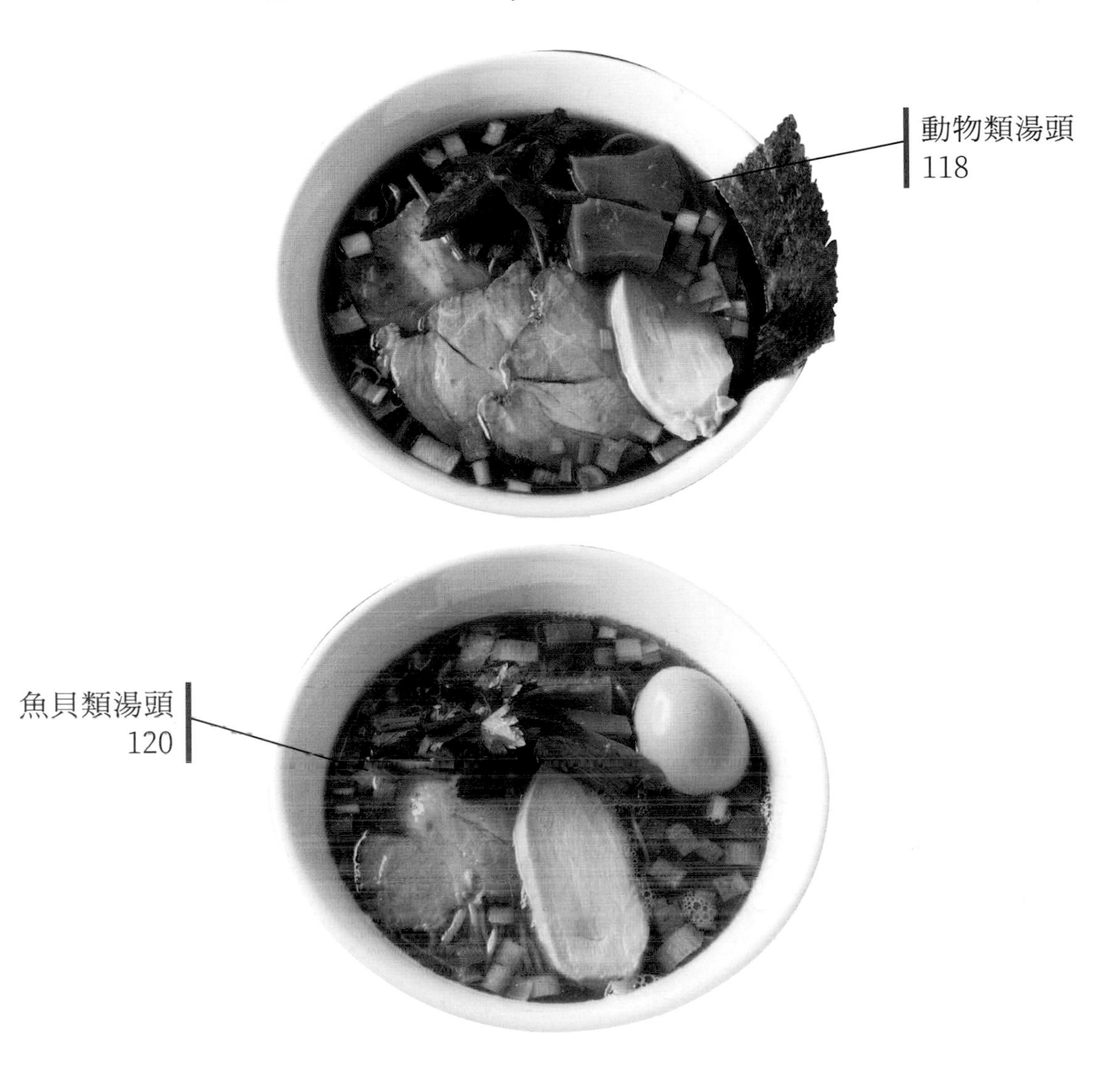

132 東京・神保町 海老丸らーめん

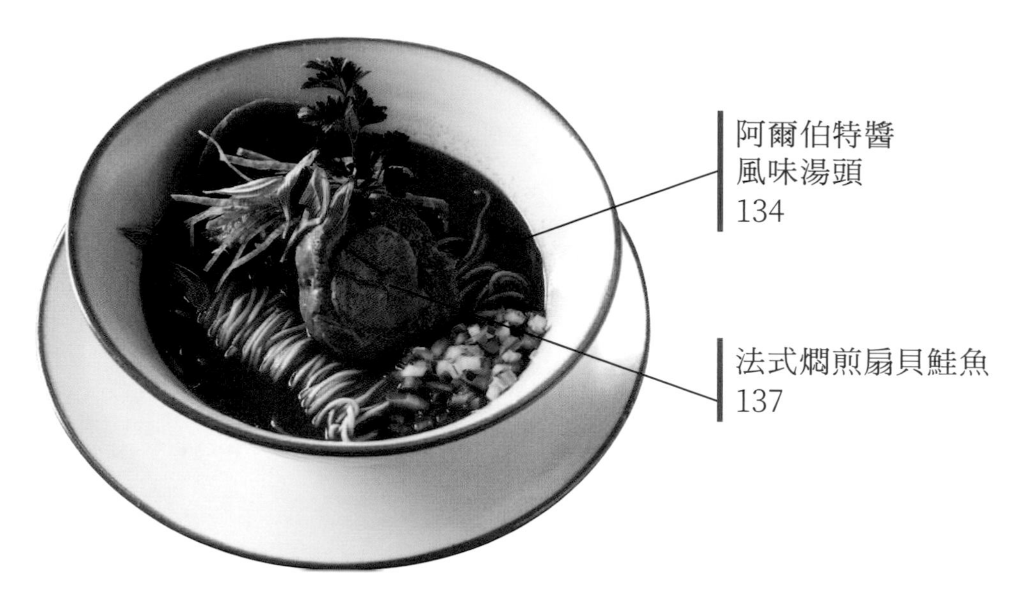

140 東京・北大塚 LOKAHI ロカヒ

閱讀本書之前

●烹調過程解說中註記的加熱時間與加熱方法，皆以各店家店內所使用的烹調器具為依據。

●材料名稱、使用器具名稱皆為各店家慣用的稱呼方式。

●書中記載的各店家技法與烹調方式為取材當時（2022 年 3 月～ 2023 年 2 月）所取得的資訊。然而不少店家持續改良精進烹調方式、製作配方、使用材料・調味料，書中收錄的內容僅為店家進化過程中某個時期所使用的方式與思維，這一點還請各位讀者見諒。

●書中記載的部分盛裝方式、器皿等為拍攝時另行特別挑選。

●各店鋪地址・營業時間・公休日為 2023 年 2 月的最新資訊。目前營業時間和公休日可能視情況而有所變動，請務必事先確認。

塩そば まえだ

2016年2月開幕。店老闆前田晉吾先生曾經是一名上班族，後來在Ramen Dream Academy（東大阪）學習製作拉麵，結業後獨立開業。店家的招牌拉麵是「鹽味蕎麥麵」，開業當時使用雞、豬、蔬菜、乾貨熬煮湯頭，後來慢慢增加魚貝類的比例，目前改成只用魚貝食材熬湯。即使是平日，在開店之前僅能容納18輛汽車的停車場也早已停好停滿，甚至還有客人遠自廣島縣外前來捧場。

■広島県三原市宮浦3-17-8■規模/25坪·19個座位■店老闆 前田晉吾

鹽味蕎麥麵 800日圓

店家招牌餐點。最初使用雞骨、豬骨熬湯，但目前只使用魚貝高湯來熬煮湯頭。風味油部分，以米糠油浸泡大蒜製作成蒜油。配置使用100%日本產小麥麵粉製作的麵條，並且切條成寬麵，完美吸附清爽順口的湯汁。配料中的叉燒肉，使用瀨戶內六穀豬梅花肉，以低溫烹調方式處理。選用無添加，無化學調味料，不使用防腐劑的筍乾。製作鹽味醬汁時，也完全不使用化學調味料，只用魚貝高湯和瀨戶內鹽。最後以切成線狀的白蔥和切細絲的柚子皮點綴。

完成鹽味蕎麥麵

1

麵碗裡倒入少許穀物醋、10 ㎖大蒜風味油。大蒜風味油的泥狀蒜泥容易沉入容器底部，務必於充分攪拌後再舀取放入麵碗中。

2

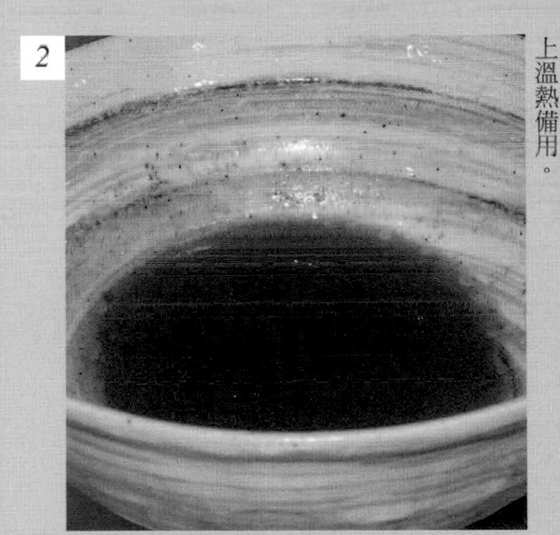

麵碗裡注入40 ㎖鹽味醬汁。盛裝鹽味醬汁的容器中，昆布・脂眼鯡節・鯖節・宗田節等混合粉末，以及帆立貝粉容易沉入容器底部，務必於充分攪拌後再舀取放入麵碗中。碗裡注入醋、風味油、鹽味醬汁後，將麵碗擺在煮麵機上溫熱備用。

3

注入以小鍋加熱的 300 ㎖湯頭。

4

放入煮熟的麵條，調整一下麵條方向。使用 26 號切麵刀切條成逆切寬麵，1 人份 120g，煮麵時間約為 40 秒。

5

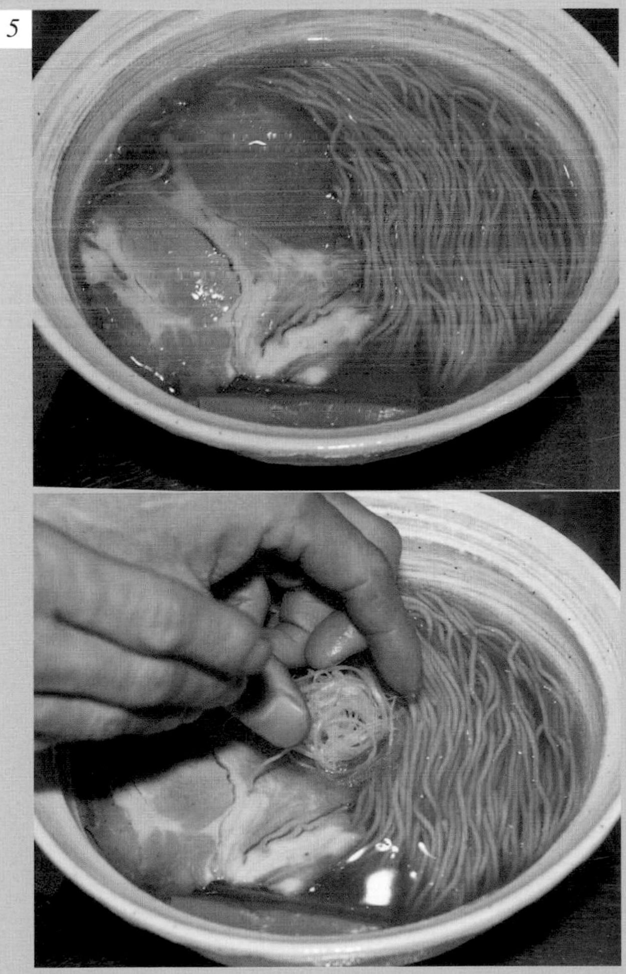

麵條上放筍乾、叉燒肉、白蔥、柚子皮細絲等配料。白蔥去芯後切成 15 ～ 16 ㎝長的細絲，纏繞成球狀後盛裝於麵碗中。細絲狀容易和麵條一起入口，一口享用 2 種美味。

和風蕎麥麵 830日圓

使用的湯頭和麵條都與「鹽味蕎麥麵」相同，但醬汁部分為混合4種味噌與4種醬油的味噌醬汁。在蒜油裡添加飛魚和小魚乾粉調製成風味油。搭配以低溫烹調的瀨戶內六穀豬梅花肉叉燒、無添加筍乾、切細碎鴨兒芹、青蔥等配料。青蔥為廣島出產的SAMURAI蔥。

完成和風蕎麥麵

1

麵碗裡倒入少許穀物醋、5 mℓ和風蕎麥麵專用的風味油和 5 mℓ大蒜風味油。

2

麵碗裡倒入味噌醬汁。味噌醬汁以４種味噌和４種醬油調製而成。藉由混合來自不同產地的味噌與醬油，促使酵母發揮更大功效。

3

麵碗裡注入醋、風味油、味噌醬汁後，將麵碗擺在煮麵機上溫熱備用。開始煮麵條。

4

注入以小鍋加熱的 300 mℓ湯頭。

5

放入煮熟的麵條，調整一下麵條方向。使用 26 號切麵刀切條成逆切寬麵，1 人份 120g，煮麵時間約為 40 秒。

6

麵條上擺放筍乾、叉燒肉、切細碎鴨兒芹和青蔥（廣島 SAMURAI 蔥）。

香草和風蕎麥麵(冷) 1000日圓

全年供應的冷和風蕎麥麵。使用和「鹽味蕎麥麵」相同的麵條，煮麵時間略長，將近 2 分鐘，以冷水洗去黏液後置於冰水裡冰鎮。瀝乾水氣時用力擠壓，透過讓麵條帶有一些切口以利吸收醬汁。在鹽味醬汁裡添加濃郁昆布高湯，調製香草和風蕎麥麵專用醬汁。最後以炙燒叉燒肉、筍乾、青蔥、微型香草苗、食用花卉等配料裝飾。香草苗是知名飯店也經常使用，出自梶谷讓先生經營的三原市超級明星農場－梶谷農場的幼苗。通常隨餐會附上一碗湯，有些客人喜歡直接喝湯，有些客人則偏好將湯倒入麵裡一起食用，另外也有客人喜歡以沾麵方式享用。

完成香草和風蕎麥麵（冷）

1

將叉燒肉切成塊狀，將筍乾切成骰子狀，再以炭火炙燒增加香氣。

2

麵碗裡倒入5 mℓ大蒜風味油、10 mℓ昆布高湯、30 mℓ鹽味醬汁。

3

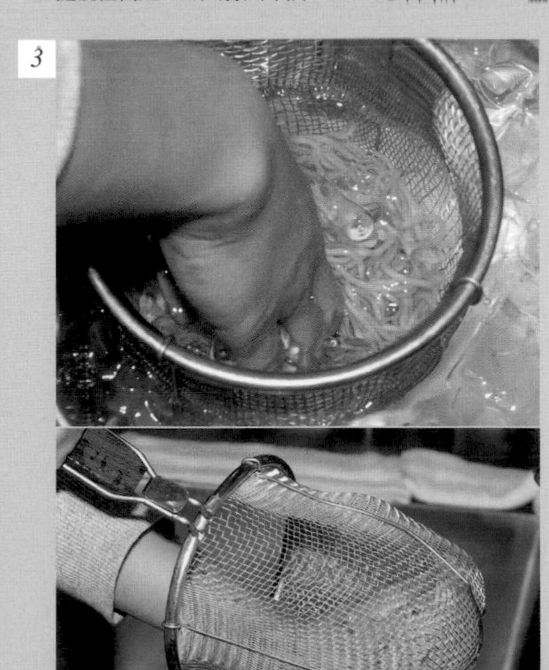

煮麵條時間約2分鐘，煮熟後以流動冷水洗去黏液並浸泡在冰水中。用力按壓以瀝乾水分。之所以用力按壓，是為了在麵條表面製造切口，切口有利於麵條更容易吸收醬汁。

4

浸泡冰水後用力擠壓麵條以瀝乾水氣。將麵條倒入麵碗裡，充分和醬汁混拌在一起。

5

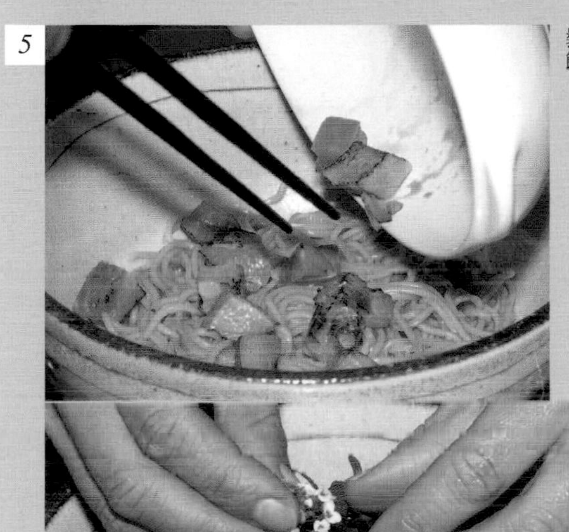

放入炙燒叉燒肉和筍乾，再鋪上青蔥，最後於頂部以微型香草苗和食用花卉裝飾。

6

澆淋5 mℓ大蒜風味油，10 mℓ鹽味醬汁。最後的風味油和鹽味醬汁是為了幫香草苗提味。隨餐附上一碗湯。

名刀味噌之日式香料蕎麥麵 1000日圓

每日限量20碗，2023年1月10日～27日期間限定餐點。以遵循古法的麴比例、無添加、長時間熟成方式製作，將味道深層濃郁的名刀味噌和無添加醬油混合在一起調製成醬汁。使用和「鹽味蕎麥麵」相同的湯頭炊煮金針菇，再將熬煮後的金針菇鮮味與湯頭混合在一起。麵條和風味油部分皆和「鹽味蕎麥麵」一樣。在低溫烹調的豬梅花肉叉燒上放一些生薑泥，再撒些純日本產，向井珍味堂生產的「和七味」。

完成名刀味噌之日式香料蕎麥麵

1

碗裡倒入大蒜風味油。大蒜風味油的泥狀蒜泥容易沉入容器底部，務必充分攪拌後再舀取放入麵碗中。

2

麵碗裡放入名刀味噌、無添加醬油。

3

麵碗裡注入風味油、名刀味噌、無添加醬油後，將麵碗擺在煮麵機上溫熱備用。

4

注入以小鍋加熱的300㎖金針菇湯頭。

5

放入煮熟的麵條，調整一下麵條的方向。使用 26 號切麵刀切條的逆切寬麵，1 人份 120g。煮麵時間約為 40 秒。

6

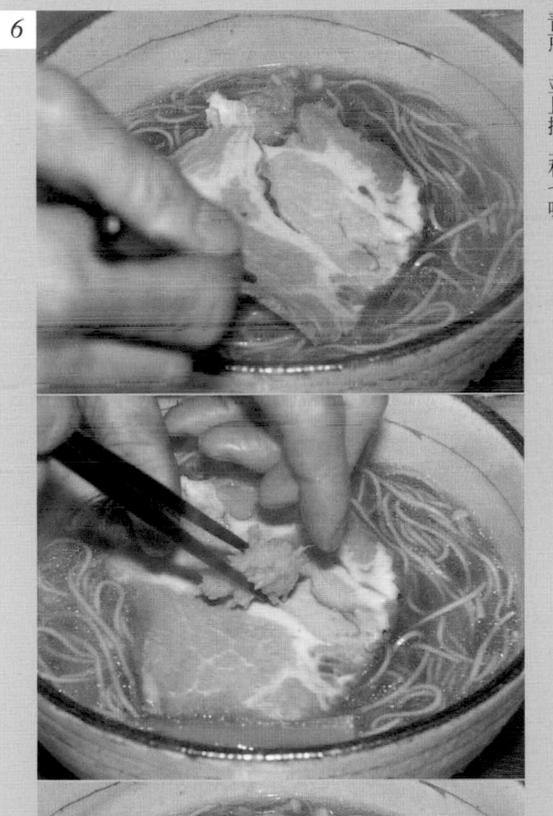

麵條上鋪放叉燒肉，叉燒肉上放生薑泥。最後再鋪上筍乾、切小圓片青蔥，並且撒上和七味。

『鹽味蕎麥麵』湯頭

2016年開業之初，主要熬湯材料為雞骨架，搭配豬骨、牛骨、魚貝和蔬菜，但後來慢慢增加魚貝比例，改為雙湯頭。自2018年起則完全只使用魚貝類材料熬湯。關於改變的理由，店老闆前田先生表示純粹只是因為「自己個人的偏好」。刻意不撈除煮沸高湯時產生的浮沫，而是讓浮沫隨著熬煮融入高湯中。這是基於混合醬油後，醬油味會覆蓋浮沫苦味，變得更加美味的想法。一開始會出現小魚乾風味，隨著湯頭溫度下降，慢慢能夠感受到溫潤的鰹魚風味。也曾經添加過鯖節、脂眼鯡節，但為了突顯鰹魚高湯的風味，後來決定不再添加。即便是限定拉麵，也以這款湯頭為基底，另外透過改變風味油或添加魚貝高湯來做出各種變化。

材料

真昆布（北海道產）、乾香菇（九州產）、小魚乾（瀨戶內產）、電解氫水、薄切鰹魚片（枕崎市產）

作法

1

將乾香菇、真昆布、小魚乾浸泡在水裡一晚。乾香菇和小魚乾對水的比例為1：12。隔天整鍋加熱，溫度達70℃後關火，靜置20分鐘。

2

20分鐘後，撈出昆布、乾香菇後過濾。

過濾後再次加熱。不撈除沸騰時產生的浮沫，以筷子攪拌讓浮沫融入高湯中。另一方面，用於浸泡的昆布，取部分製作成漬物。而浸泡後的小魚乾、乾香菇等，則再次利用製作成寵物食品。

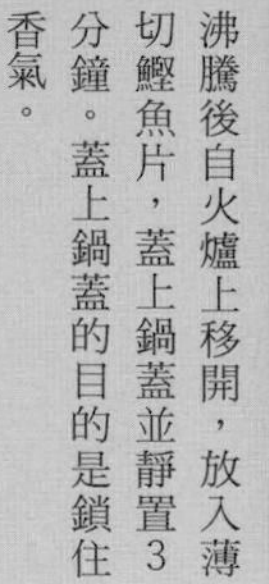

沸騰後自火爐上移開，放入薄切鰹魚片，蓋上鍋蓋並靜置3分鐘。蓋上鍋蓋的目的是鎖住香氣。

過濾時將鰹魚片裡的湯汁擠壓出來・若使用扭轉方式可能會連同鰹節的苦味和酸味一起擠出來。

使用細網格的錐形篩再次過濾，然後立刻冷卻。使用方形深桶鍋而非湯桶鍋，目的是方便置於水槽中冷卻，同時也為了方便放入冷藏室裡保存。

叉燒肉

使用富含鮮味成分的廣島產「瀨戶內六穀豬」梅花肉，以低溫烹調方式烹煮成叉燒肉。叉燒肉也用於製作燒豬丼。和烹煮湯頭一樣，不使用任何增味劑調味。

材料

豬梅花肉（瀨戶內六穀豬）、鹽醃液、蔥綠

作法

1

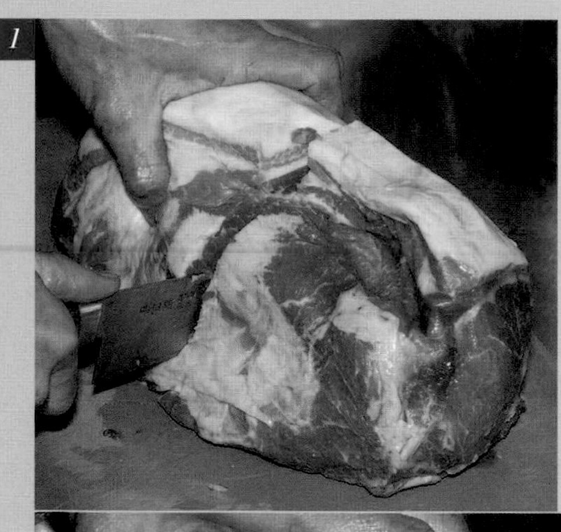

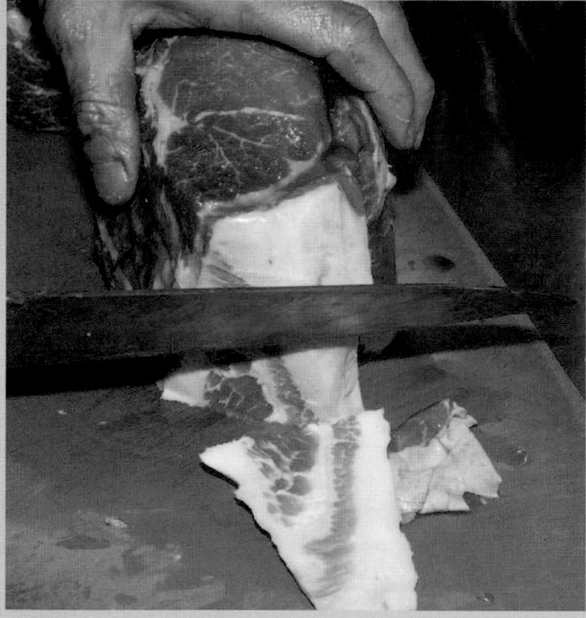

將整塊豬梅花肉對半切開，去除油脂較厚的部分，並且去除筋膜。

名刀味噌之日式香料蕎麥麵湯頭

湯頭裡添加金針菇的鮮甜味。金針菇的外形、顏色和麵條相似，有助於增添享用時的口感樂趣。

材料

湯頭（鹽味蕎麥麵用）、金針菇（日本產）

作法

1

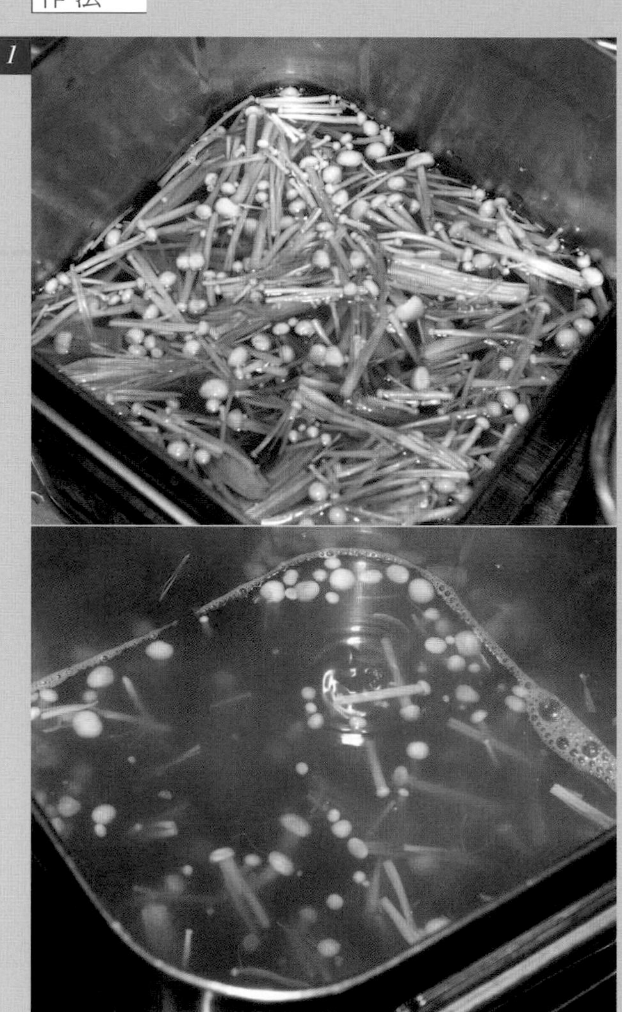

鍋裡倒入湯頭和切小段的金針菇，再次煮沸。

2

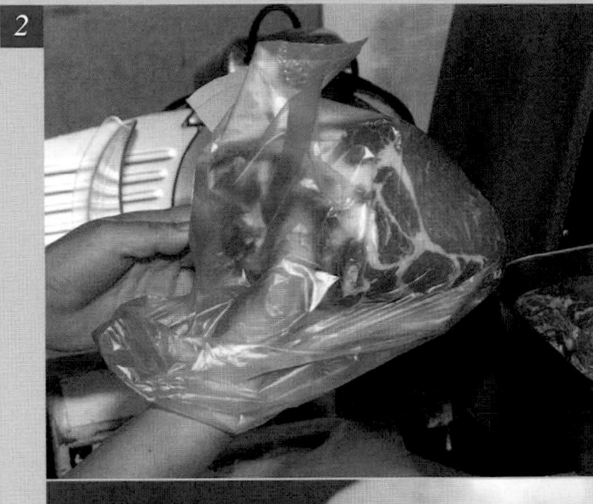

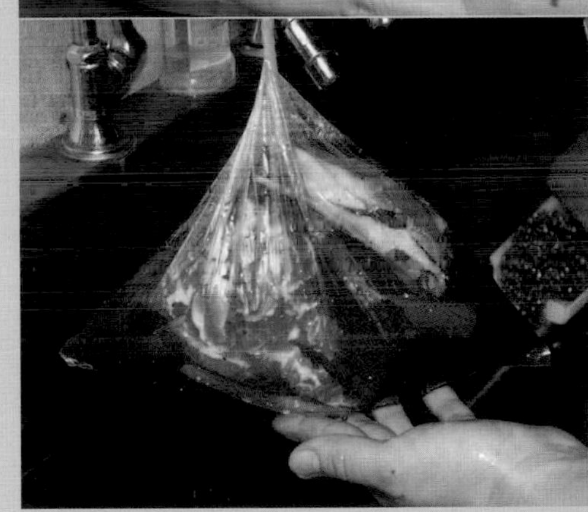

將清洗乾淨的豬梅花肉、蔥綠、鹽醃液裝入袋中，壓出袋內空氣後靜置一晚。

3

隔天一早加熱，維持 60℃左右的溫度，持續加熱 10 小時。

4

加熱 10 小時後，立刻浸泡在冷水裡冷卻。放入冷藏室裡保存 2 天，確實冷藏能夠使豬肉口感更為紮實。

5

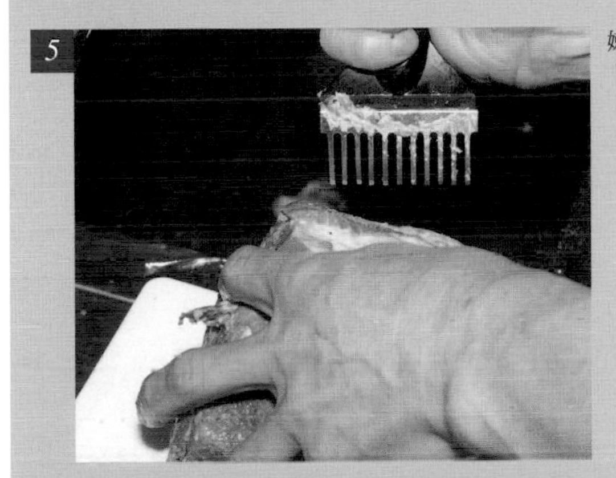

豬肉確實冷卻後取出，在去除筋膜的表面戳洞孔。切除筋膜是為了讓口感更為軟嫩。

6

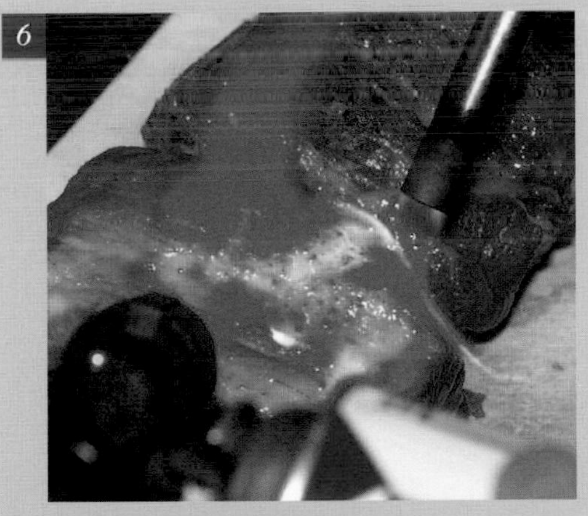

以瓦斯噴火槍炙燒整個表面。使用裝有燒烤專用噴射口的瓦斯噴火槍。透過炙燒產生梅納反應，以炭烤香氣引起客人的食慾。

7

使用切片機將梅花肉切成 3.1 ㎜厚度片狀。兩端不工整的肉片用於製作燒豬丼。

叉燒肉的鹽醃液

材料

洋蔥、大蒜、鹽、砂糖（白雙糖）、醬油、日本清酒、鹽麴（液體狀）、月桂葉、黑胡椒、電解氫水

作法

1

將鹽和砂糖溶解於水中，添加醬油和日本清酒。放入薄切洋蔥和大蒜，熬煮 10 分鐘。10 分鐘後關火靜置 20 分鐘。靜置 20 分鐘是為了讓蔬菜變軟以提取蔬菜甜味。

2

過濾，擠壓蔬菜。

3

倒入鹽麴、月桂葉和黑胡椒後靜置冷卻。

3 將蘋果醋、米發酵調味料倒入鍋裡，加熱提高濃度後和 2 混合在一起。

4 添加鹽使鹽分濃度達14%。

5 再次過濾，過濾後將高湯混合粉末和帆立貝粉充分混拌在一起。熟成2～3天後再使用。由於粉末容易沉入容器底部，務必充分混拌高湯混合粉末和帆立貝粉後再倒入麵碗裡。

鹽味醬汁

為了讓年長者也能無負擔地喝湯，目標是將最終湯頭的鹽分濃度控制在 1.2 ～ 1.3%。調製鹽味醬汁時，也將鹽分濃度降低至14%。選用適合搭配小魚乾的瀨戶內海水鹽。最後添加的昆布粉與脂眼鯡魚粉等的混合粉末，以及帆立貝粉容易沉入底部，所以倒入麵碗裡之前，務必先充分攪拌均勻。將這些高湯粉和熱湯混合在一起，在碗裡也能變成美味湯頭。湯頭會隨著飲用時間而慢慢呈現不同風味。

材料

鹽（瀨戶內海水鹽）、乾香菇、真昆布、小魚乾、
醬油（4 種不同產地）、蘋果醋、米發酵調味料、
高湯混合粉末（昆布、脂眼鯡節、鯖節、宗田節）、
帆立貝粉、電解氫水

作法

1 將乾香菇、真昆布、小魚乾、水和醬油混合在一起，浸泡一晚。

2 隔天將 1 加熱至 70℃左右，然後過濾。

3

蒜末都上色後關火。靜置 20 分鐘。

4

利用餘溫加熱，蒜末顏色慢慢加深變濃郁。

5

放涼後過濾。

風味油

開店初期使用雞油熬煮調味蔬菜製作成風味油，後來改用菜籽油，接著又改用玄米油（日本產原料），並且一直沿用至今。之所以選擇玄米油，是因為不容易氧化，也不會有強烈味道。這種風味油適合搭配各種拉麵，可以說是輕量版的麻油。雖然材料中含有大蒜，但沒有焦味，也沒有大蒜生味，經加熱後，散發出一股熱呼呼的蒜香風味。店老闆前田先生表示，對『まえだ』拉麵來說，這款風味油是不可欠缺的重要存在。

材料

大蒜、玄米油（日本產原料）

作法

1

大蒜切碎末。雖然同樣是細末，但大小若不一致，以油熬煮時，小細末容易先燒焦，所以為了均勻受熱，務必盡量切得大小一致。

2

將大蒜末放入油裡熬煮，鍋邊的蒜末開始上色時，攪拌使蒜末均勻受熱。

和風蕎麥麵專用風味油

「和風蕎麥麵」使用味噌醬汁調味，除了大蒜風味油，另外添加充滿魚貝高湯風味的風味油以突顯味噌醬汁的味道。

材料

玄米油、飛魚乾細粉、日本鯷魚乾細粉、
高湯混合粉末（昆布、脂眼鯡節、鯖節、宗田節）

作法

1

將飛魚乾細粉、日本鯷魚乾細粉、高湯混合粉末倒入玄米油中，加熱且攪拌均勻。

2

熬煮至 130℃後關火並自火爐上移開，靜置冷卻。

6

將過濾後的蒜末和少許油倒入攪拌機中，攪拌成細碎末。

7

和之前過濾後的油混合在一起，由於大蒜細末容易沉入容器底部，務必充分拌勻後再舀取放入麵碗裡。

麵條

使用 26 號切麵刀切條，麵條寬度雖細，但帶有厚度且切面寬。湯頭清淡，而雖然麵條細，但由於切面寬，掛湯力十足。切麵寬會造成麵條容易拉伸，所以搭配使用麩質麵粉，製作具有咬勁且不易拉伸的麵條。製作麵條的小麥麵粉以準高筋麵粉「北之大地」和「MD」為主，「北之大地」和「MD」的比例為 8：2，加水率 35 ～ 36%。開業初期的麵條加水率為 32 ～ 33%，更改過數次後才完成現在的比例。1 人份為 120g。含大碗分量、追加麵條等，每天製作約 200 份的麵條。

材料

北之大地（吉原食糧）、MD（橫山製粉）、
ROYAL STONE（「春戀」全麥麵粉）、讚岐之夢全麥麵粉、
乾燥蛋白、麩質麵粉、赤鹼水、瀨戶內海水鹽、電解氫水

作法

1

製作鹼水溶液。將赤鹼水、鹽和冷水混合在一起，確實溶解後，為了保持在26℃以下，先暫時置於冷藏室裡備用。

2

將粉類放入攪拌機中，攪拌 2 分鐘。使用讚岐麵機的製麵機。

3

加入冷藏室取出的鹼水溶液，混合攪拌 10 分鐘。攪拌過程中，稍微暫停一下並用手確認。取下沾黏在攪拌葉上的麵糊，撥開麵糊以避免結塊。

4

碾壓製成粗麵帶。

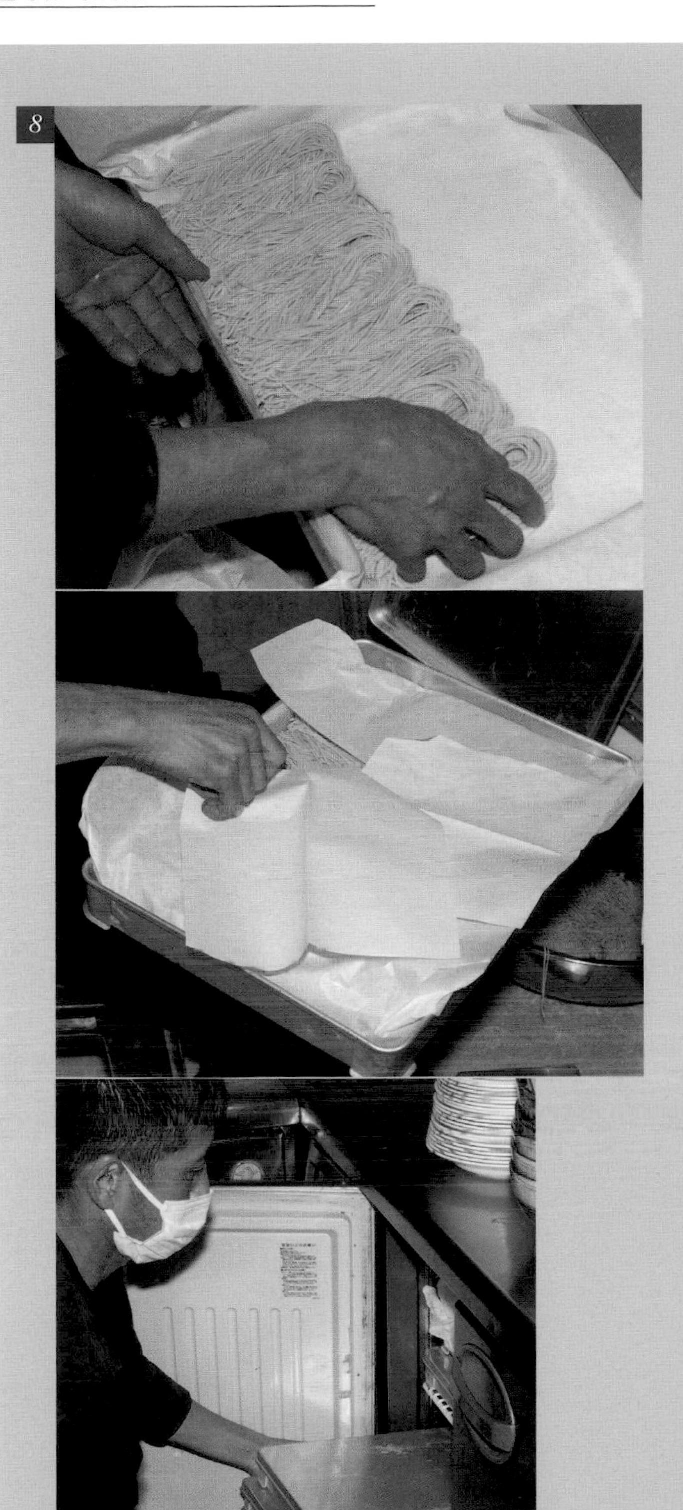

8

對折後放入麵箱中，冷藏1天後再使用。將麵條對折是為了煮麵後方便幫麵條整型。店家使用鋁製麵箱讓麵條在冷藏室中能夠盡快冷卻。麵條置於麵箱中容易出現悶蒸現象，所以保存時先在麵條上鋪一張吸水性佳的薄紙，並於覆上蓋子後冷藏。直到煮麵之前都保存在冷藏室裡（5℃以下），而且為了方便使用，盡量擺在煮麵機附近的冷藏室裡備用。

5

進行2次複合。縮小至一定尺寸後進行壓延處理。

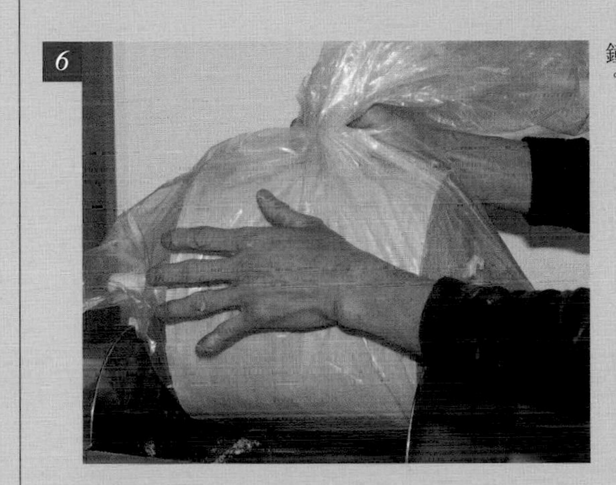

6

壓延後以塑膠袋套住麵帶，靜置醒麵60分鐘。

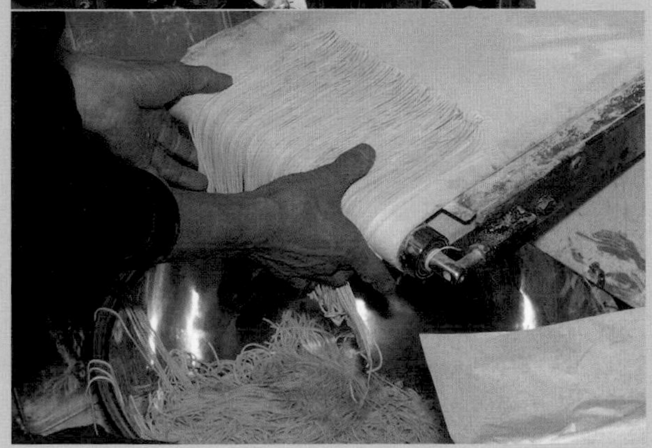

7

醒麵後再次進行壓延，邊壓延邊切條。

特別報導

活用壓力湯桶鍋，實現拉麵店的二毛作經營模式！

湯麵各異的人氣菜單，深受廣大客群好評

2009年於愛知縣春日井市開業的『麺者すぐれ』，以及2017年於愛知縣一宮市開業的『麦の道すぐれ』，除了愛知縣尾張當地的拉麵愛好者，也吸引不少來自縣外的客人，是非常受歡迎的拉麵店。另外，2021年3月，位於名古屋市瑞穗區的『小麦と焼きあごすぐれ』也隆重開幕了。

各家『すぐれ』的共同特徵是湯和麵各有各的菜單。並非使用相同的湯頭，再以不同醬汁來增加味道種類，而是使用不同材料熬煮數種湯頭，最後再搭配不同麵粉・配方・加水率的自製麵條。舉例來說，在春日井店中，既有雞白湯搭配寬麵的拉麵，也有豚骨魚貝湯搭配粗麵的沾麵。

各店家都有各自獨特熬製的專用湯頭，麵條也皆為各店家自行製作。雞白湯、濃厚白湯、豚骨高湯等，使用不同食材熬煮，熬煮所需時間也大不相同，而之所以能夠完成這麼多種湯頭，全多虧使用壓力湯桶鍋（平和Leasing公司製）。

使用壓力湯桶鍋熬煮雞白湯時，自開始施加壓力起，只需要35分鐘就能完成。即便是豚骨高湯，也只需要50分鐘就可以完成。施加壓力之前先花2小時熬煮，再加上加壓時間，總共也只需要3個小時就能完成乳白色的濃醇豚骨高湯，每一家店，每一天都能完成雞白湯和豚骨高湯2種美味湯頭。

「麺者すぐれ」

愛知県春日井市東野町 2-1-24

「麺者すぐれ」每週二會以不一樣的模式經營一家名為「寄り道すぐれ」的拉麵店，由 SUGURE 股份有限公司負責主導。除了春日井市的「麺者すぐれ」，還經營「麺の道すぐれ」（愛知縣一宮市本町 3-5-2）、「小麦と焼きあごすぐれ」（愛知縣名古屋市瑞穗區洲山町 2-30-2）。

『麺の道すぐれ』的「三河產赤雞白湯拉麵」湯頭

將全雞、雞骨架、老母雞雞骨、雞腳、馬鈴薯、大蒜和水倒入壓力湯桶鍋中熬煮。雞骨類無須事先汆燙，直接倒入鍋裡。採用加壓方式熬煮，所以不需要事前汆燙作業。施加壓力之前先加熱熬煮2個小時左右，接著施加壓力30分鐘左右進行熬湯作業。由於加壓加熱至130℃，所以食材能夠快速受熱，也有助於徹底萃取雞肉菁華。

特製 濃厚雞白湯沾麵 1350日圓

週二限定的『寄り道すぐれ』菜單品項。只使用雞食材，只在週二熬煮的濃厚雞白湯。麵條部分配置沾麵專用，添加全麥麵粉的店家自製寬麵。「特製」濃厚雞白湯沾麵的材料包含豬五花肉叉燒、豬梅花肉叉燒、雞腿肉叉燒、雞胸肉叉燒、溏心蛋。

三河產赤雞 雞白湯拉麵 890日圓

『麵者すぐれ』的正規菜單品項。麵碗裡倒入雞白湯，以手持攪拌機打發成乳白色後，再放入煮熟的寬麵。

週二限定的湯頭 也使用壓力湯桶鍋熬煮，所需時間短且品質穩定

自2020年6月起，『麵者すぐれ』的公休日週二會以『寄り道すぐれ』之名，推出完全不同於店裡一般菜單的拉麵。在店裡工作長達7年的大西店長，挑戰推出自己設計的菜單品項。『寄り道すぐれ』的招牌餐點是濃厚雞白湯沾麵和拉麵、貝高湯沾麵和拉麵。

相較於『麵者すぐれ』所使用的雞白湯，『寄り道すぐれ』的雞白湯以更多雞腳、雞骨架、老母雞雞骨、全雞熬煮，另外還添加雞翅，也由於不使用任何蔬菜，只用雞食材熬湯，所以湯頭更顯濃厚。只有週二才推出的湯頭，同樣也以壓力湯桶鍋熬煮。以壓力湯桶鍋煮熟後，再使用電動攪拌機攪拌。因為只在週二才熬煮這種湯頭，不想花費太多時間與精力準備，所以熬煮所需時間短的壓力湯桶鍋正好派上用場。除此之外，以加壓方式熬煮，也比較不容易走味，對於1星期熬煮1次來說，真的是好處多多。

株式会社 SUGURE
董事長 髙松知弘先生

「過去在營業時間內，必須以大火持續熬煮豚骨高湯，即便是冬天，廚房裡也熱得像是夏天，除此之外，有時盛夏期間冷氣開到最強，整家店也依舊熱氣籠罩。自從使用壓力湯桶鍋後，短時間內就能熬煮高濃度的豚骨高湯，只需要利用午餐時段後的休息時間，即可完成豚骨高湯，有助於改善廚房和夏季店裡酷熱的問題。」

『寄り道すぐれ』
店長大西祐亮先生

「使用壓力湯桶鍋不僅能熬煮出大於湯桶尺寸的高湯量，還能維持穩定的品質，對於只在週二熬煮的經營模式來說，真的幫了一個大忙。熬煮過程中不需要攪拌和撈除浮渣的作業，不僅提升工作效率，還能萃取全雞・雞骨架・雞腳的菁華鮮味。如果使用一般湯桶鍋，可能無法熬煮出這種雞白湯的味道，而這也是我們這家店深受客人好評的原因之一。」

ふく流ラパス分家 WADACHI

以大阪・本町總店『FUKU 流拉麵轍（ふく流らーめん轍）』的加盟店身分於 2015 年加入拉麵店市場。「Rapas」是拉麵和義大利麵（pasta）的合體，一種全新口感的拌麵。配置粗麵的醬油醬汁調味「Chicken Junkie」，以及配置寬麵的鹽味醬汁調味「蛤蜊 Rapas」是店家 2 大招牌餐點。店老闆熊澤暢佑先生曾經在日本料理餐廳當過學徒，也曾經有賣魚、調酒師等工作經歷，後來進入 Ramen Dream Academy（東大阪）學習製作拉麵。活用自己多方面的經驗，積極挑戰 World Ramen Grand Prix（進入 2017 年決賽）、日本最大料理人競賽－ RED U-35（獲得 2021 年 SILVER EGG 殊榮）、CHEF-1 Grand Prix（2022 年大阪府代表選手）。熊澤先生設計的「限定菜單」口碑相當不錯，有多達 70 多位來店光顧 70 次以上的熟客。

■大阪府大阪市中央区南本町 2-3-11 玉屋ビル 1 階 ■規模 /15 坪・14 個座位 ■店老闆 熊澤暢佑

特製蛤蜊 Rapas 1230 日圓

深受女性客人青睞的餐點。雞白湯裡添加每天萃取的蛤蜊高湯製作成湯頭，然後搭配鹽味醬汁使用。以 2 種不同的鹽混合鰹節、小魚乾、混合柴魚節，然後靜置發酵 2 週以上，製作成鹽味醬汁。除此之外，豬背脂混合以橄欖油熬煮蛤蜊調製而成的蛤蜊油，製作成背脂蛤蜊風味油。配置寬麵麵條，但添加用於製作義大利麵的杜蘭小麥粉，不僅口感上更有嚼勁，還帶有義式鳥巢麵的切齒感。為了充分活用麵條口感，以煮麵機煮熟後從麵切移至平網上，並透過攤開方式瀝乾水氣。「Rapas」的特色是碗裡留有些許湯頭，然後在最後添加白飯拌勻享用。據說來店客人中的 7 成都會選擇「加飯套餐」。

完成特製蛤蜊 Rapas

1

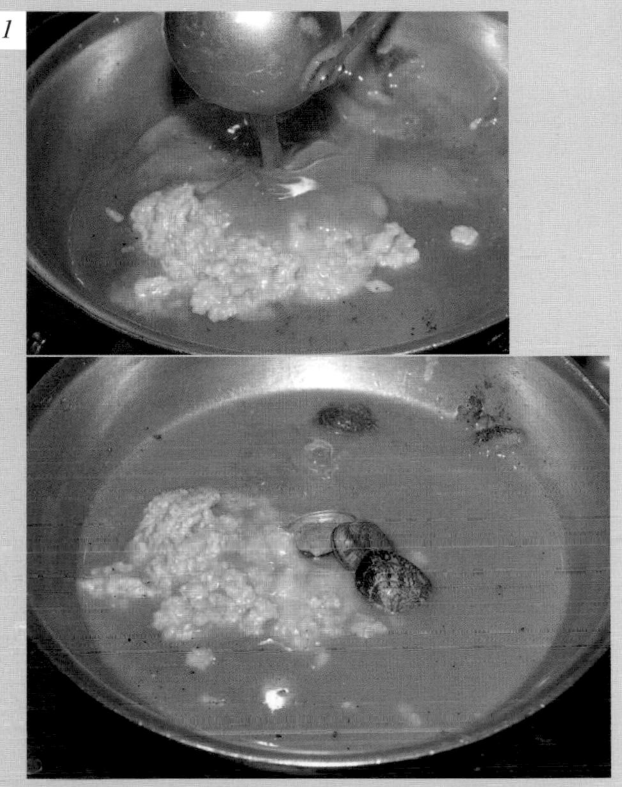

炒鍋裡放入大蒜泥、胡椒、背脂蛤蜊風味油、鹽味醬汁、湯頭、雞白湯、4 個活蛤蜊，蓋上鍋蓋並加熱。活蛤蜊先放入 20℃水裡 60 分鐘，讓蛤蜊充分吐沙。

2

煮麵。使用添加杜蘭小麥粉製作而成的寬麵。1人份130g，煮麵時間約2分20秒。因為甩動麵瀝乾水分的方式容易導致麵條壓扁，產生黏度，所以先將麵條從麵切移至平網上，再透過攤平方式瀝乾水氣。

3

蛤蜊開口後關火，將瀝乾備用的麵條倒入炒鍋中，迅速倒入湯頭混合在一起。充分混拌均勻後盛裝至麵碗裡。

4

將豬梅花肉叉燒鋪在碗邊緣，再以瓦斯噴火槍炙燒。之所以將叉燒肉鋪在碗邊，是為了避免豬五花肉叉燒和湯頭、其他食材、麵條混合在一起。先將麵條和其他食材混合在一起，然後再以豬梅花肉叉燒捲起麵條享用。另外，將豬梅花肉叉燒切成薄片，方便捲起麵條。淋上湯頭並將煮好的蛤蜊擺在上面。

5

最後將雞胸肉叉燒、雞腿肉叉燒、切片洋蔥和紅洋蔥（事先浸泡在溫水中以去除辛辣味）、青紫蘇、溏心蛋等配料擺在麵條上，撒些黑胡椒粉即可上桌。

鷹爪辣椒和玄米麴的七味 Rapas （2022 年 CHEF-1 Grand Prix 大阪府代表出賽作品）

CHEF-1 Grand Prix 比賽堪稱料理界的「M-1」，旨在從年輕廚師中發掘世界新星，而這道 Rapas 正是 2022 年代表大阪府參加比賽的作品。出生於大阪府的店老闆熊澤先生將重點擺在經「NANIWA 傳統蔬菜」（NANIWA 是大阪的舊稱）認證的大阪・堺的傳統蔬菜「堺鷹爪辣椒」。將「鷹爪辣椒」不可欠缺的七味辣椒成分加以分解，並使其融入 Rapas 中，而每一口 Rapas 都會重新在口中建構七味辣椒的美味。另一方面，由於這道料理使用玄米麴，所以突發奇想以鍋巴作為配料。湯頭方面則刻意打造雙重美味，隨著由上層往下層進食，味道逐漸產生變化。除了「堺鷹爪辣椒」，也使用石臼研磨的朝倉山椒、四萬十川產的青海苔，以及日本產白芝麻、黑芝麻、柚子、芥子等材料，這些都是出自大阪香料老店「Yamatsu Tsujita（やまつ辻田）」的優質食材。

完成鷹爪辣椒和玄米麴的七味 Rapas

1

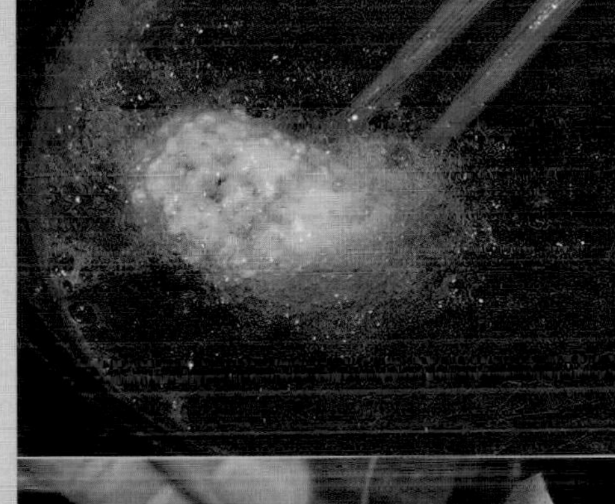

製作「海苔山椒鍋巴」。以飯杓取白飯薄薄鋪在海苔上。對切成一半後，放入玄米油中酥炸。油炸後撒上山椒粉，使用充滿新芽水嫩香氣的朝倉山椒粉。

2

加熱蛋雞雞油，放入鷹爪辣椒（整條和去蒂後切碎的）和切片大蒜。

3

飄出香味後，取出整條的鷹爪辣椒。倒入玄米麴和魚露、雞白湯混合在一起。整條的鷹爪辣椒可用於最後的裝飾。

4

取另外一只鍋加熱雞白湯。

5

在麵碗裡放入白芝麻和黑芝麻，然後注入沸騰的雞白湯，接著放入青海苔。

6

麵條煮熟後放入3的鍋裡混合在一起。使用添加芥子粉的中細麵。

7

在5的碗裡放入湯頭與麵條。不要攪拌，打造雙重美味的湯頭。

8

最後放入海苔山椒鍋巴、柚子風味的雞胸肉叉燒、西洋菜。將油炸過的整條辣椒立在碗裡作為裝飾，並且在雞肉叉燒上擠些柚子美乃滋。

『ふく流ラパス分家 WADACHI』蛤蜊湯頭

材料

冷凍蛤蜊、高湯昆布、水、日本清酒

作法

將水、日本清酒、冷凍蛤蜊、昆布倒入鍋裡加熱。

溫度達 60℃後，維持這個溫度繼續熬煮 20 分鐘。

使用冷凍蛤蜊，並於每天營業時間之前熬煮 50 碗分量，當天使用完畢。為了充分萃取蛤蜊和昆布的鮮味，務必進行溫度管理。

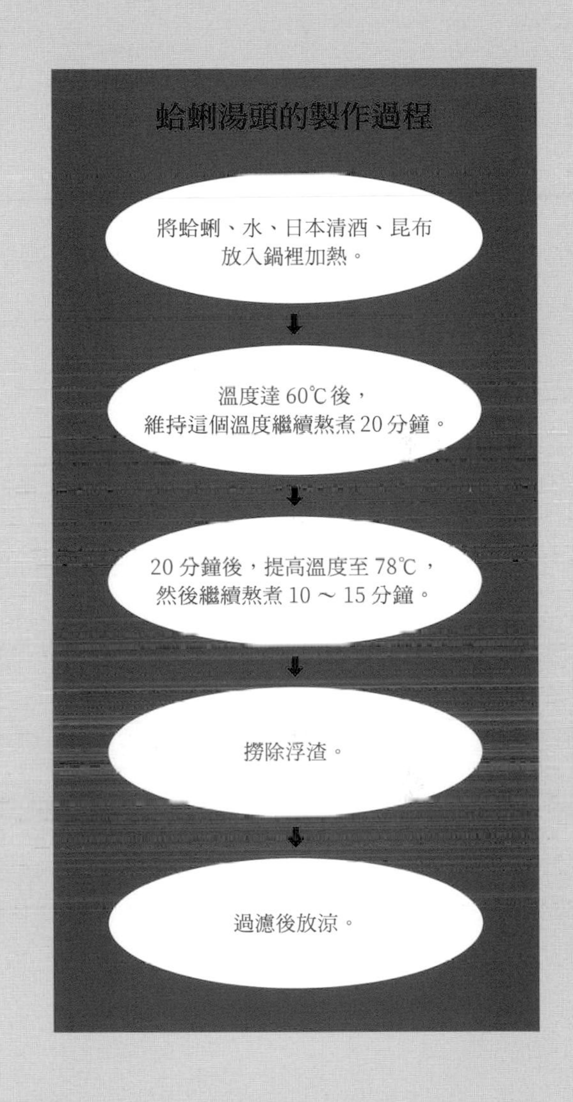

豬背脂風味油

在豬背脂裡添加蛤蜊和橄欖油調製成的蛤蜊油，作為搭配新口味拌麵「Rapas」的風味油。

材料

豬背脂、水、
熬煮蛤蜊高湯後剩餘的蛤蜊、純橄欖油

作法

1 將水和豬背脂倒入壓力鍋裡加熱，冒出蒸氣後繼續熬煮30分鐘。

2 30分鐘後，以濾網將食材和湯汁分開。

3 20分鐘後，提高溫度至78℃，然後維持這個溫度繼續熬煮10～15分鐘，讓酒精蒸發。撈除熬煮過程中產生的浮渣。

4 過濾後放涼。將過濾後的蛤蜊製作成蛤蜊油。

鹽味醬汁

將 2 種不同的鹽和鰹節、小魚乾、混合柴魚節等熬煮的高湯混合在一起，然後靜置於常溫下發酵 2 週以上。每碗拉麵使用 30 ㎖ 的鹽味醬汁。

以打蛋器攪拌豬背脂並過濾。

用橄欖油熬煮熬湯頭後剩餘的蛤蜊製作成蛤蜊油，然後和 3 添加在一起。蛤蜊油用量約豬背脂用量的一成。

G麵7

以清淡爽口「昭和時代充滿懷舊風情的拉麵」為基本概念，並且持續在配料、麵條口感、湯頭味道上用心加以改良。舉例來說，將過去熬煮湯頭的食材從豬背骨改為豬肩胛骨、從使用長雞腳改為小雞腳。雖然外觀看似單調，但努力追求只有這家店才品嚐得到的清淡爽口拉麵。「鹽味拉麵」和「醬油拉麵」是店裡的中流砥柱，湯頭屬於清湯派，幾乎只使用動物骨熬煮。

■神奈川県横浜市南区上大岡西 3-10-6 ■規模 / 約 7 坪・11 個座位 ■社長 後藤将友

醬油拉麵 880日圓

保留了「老式中華蕎麥麵」的味道，但也致力於追求現代人喜歡的清爽味道。使用 7 種醬油搭配蜂蜜調製成醬油醬汁。使用橄欖油和花生油熬煮雞皮和豬背脂，調製成風味油。再搭配豬梅花肉叉燒和吊烤雞胸肉叉燒，最後擺上魚板和筍乾等配料，讓整體外觀看似一碗「老式中華蕎麥麵」。

完成醬油拉麵

1

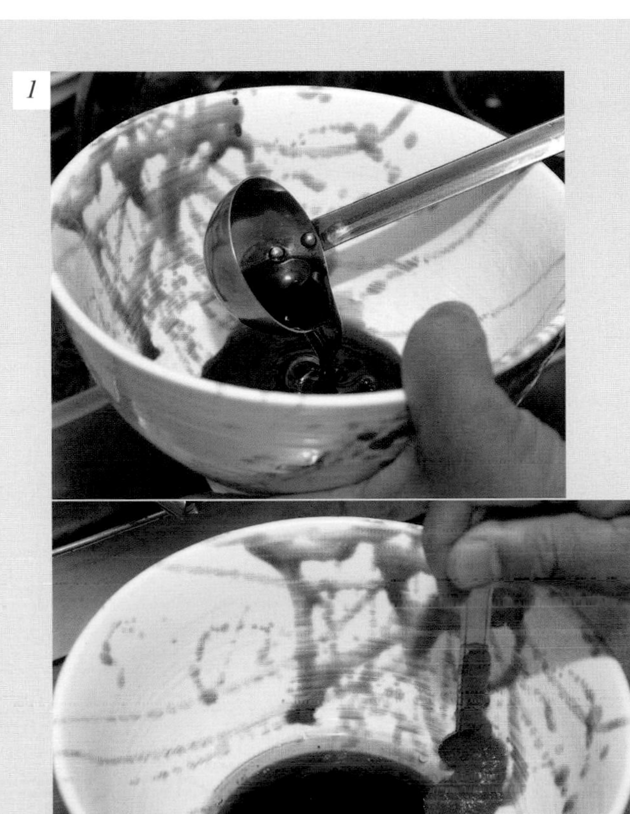

在麵碗裡倒入醬油醬汁、風味油、蘋果泥。蘋果泥是為了增添少許甜味和酸味，所以只添加在「醬油拉麵」裡。

2

注入以小鍋加熱至沸騰的湯頭。

3

放入煮熟的麵條。配置使用 14 號圓形切麵刀切條的中細麵，煮麵時間為 2 分 20 秒。煮麵時偶爾從煮麵機中將麵條向上提起，這好比加冷水的概念，藉由烹煮過程中讓麵條的溫度上升下降，有助於維持麵條的最佳口感。

4

將雞肉叉燒、豬梅花肉叉燒、九條蔥、筍乾、蘿蔔苗、魚板、調製風味油時油炸的雞皮和豬背脂「KARIKARI」等配料盛裝至麵碗裡。

鹽味雞柴魚拉麵 1100日圓

為了讓客人充分感受柴魚風味，除了熬煮湯頭時添加雞柴魚，還會直接將熬煮後的雞柴魚也盛裝至麵碗裡。軟嫩的雞柴魚經調味後，也能成為美味配料。「鹽味雞柴魚拉麵」裡不放油炸雞皮和豬背脂的「KARIKARI」。

完成鹽味雞柴魚拉麵

1

將雞柴魚放入小鍋裡，注入湯頭後加熱煮沸。

2

將鹽味醬汁、風味油倒入麵碗裡。

3

以濾網過篩雞柴魚，將湯頭注入麵碗裡。

4

放入煮好的麵條。麵條配置使用 18 號方形切麵刀切條的細麵，煮麵時間為 1 分 10 ～ 15 秒。

5

盛裝過濾後的雞柴魚、雞肉叉燒、豬梅花肉叉燒、筍乾、九條蔥、白蔥、蘿蔔苗、魚板等配料。

3 加入鹼水溶液，繼續攪拌8分鐘。

4 碾壓製成粗麵帶。自開業以來，一直使用大成機械工業的製麵機。

5 接著進行2次複合作業。

細麵

「鹽味雞柴魚拉麵」配置細麵。添加少量1.5%的鹼水和灰分含量高的「TURUKICHI」麵粉，既能充分感受小麥風味，也能品嚐口感滑順的細麵。加水率36%。

材料

金斗雲（日清製粉）、TURUKICHI（山本忠信商店）、赤鹼水、精製鹽、冰水

作法

1 將鹼水、精製鹽放入冰水中拌勻。為了讓溫度盡量趨近於0度，事先將攪拌用的打蛋器置於冷藏室裡冰鎮備用。

2 精準量測小麥麵粉用量並混合在一起，僅攪拌麵粉3分鐘。

中細麵

一般正規拉麵餐點配置中細麵。搭配使用高筋麵粉「春戀」，製作成帶有嚼勁的中細麵。切面呈橢圓形，不容易拉伸。加水率為37%。

材料

春戀（平和製粉）、金斗雲（日清製粉）、
赤鹼水、精製鹽、冰水

作法

1

將鹼水、精製鹽放入冰水中拌勻。為了讓溫度盡量趨近於0度，事先將攪拌用的打蛋器置於冷藏室裡冰鎮備用。

2

精準量測小麥麵粉用量並混合在一起，僅攪拌麵粉3分鐘。

6

以塑膠袋包覆麵帶，靜置醒麵30分鐘。

7

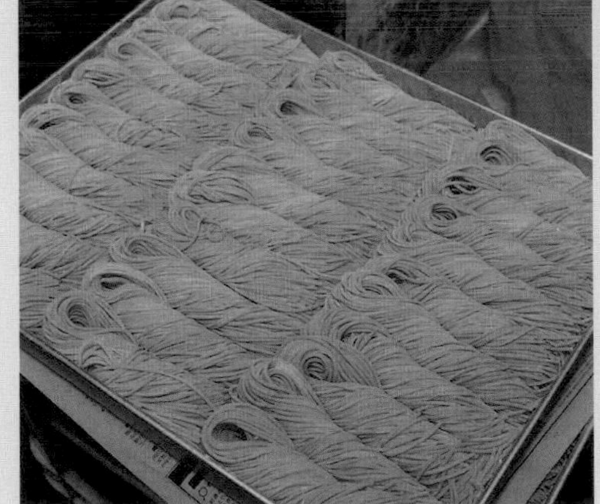

進行1次壓延作業後切條。使用18號方形切麵刀，1人份160g。麵條置於冷藏室1天，排氣後於隔天營業時間使用。

3

加入鹼水溶液，繼續攪拌8分鐘。

4

碾壓製成粗麵帶。自開業以來，一直使用大成機械工業的製麵機。

5

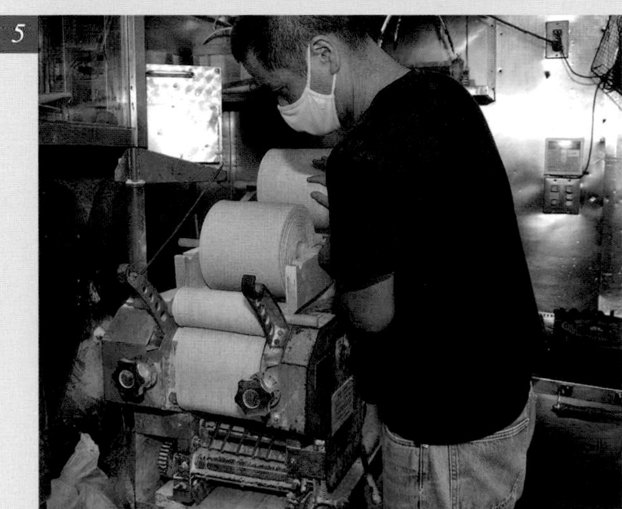

接著進行 2 次複合作業。

6

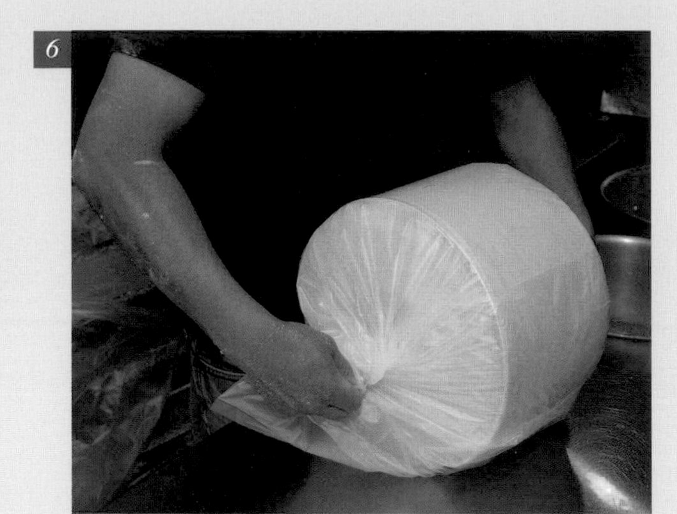

以塑膠袋包覆麵帶，靜置醒麵30分鐘。

7

進行 1 次壓延作業後切條。使用 14 號圓形切麵刀，1 人份 170g。麵條靜置於冷藏室 1 天，排氣後再使用。

『G 麵 7』正規拉麵餐點專用湯頭

材料

豬肩胛骨、雞骨架（信玄雞）、雞腳、豬皮、
豬腳、大蒜、九條蔥前端、辣椒

作法

1

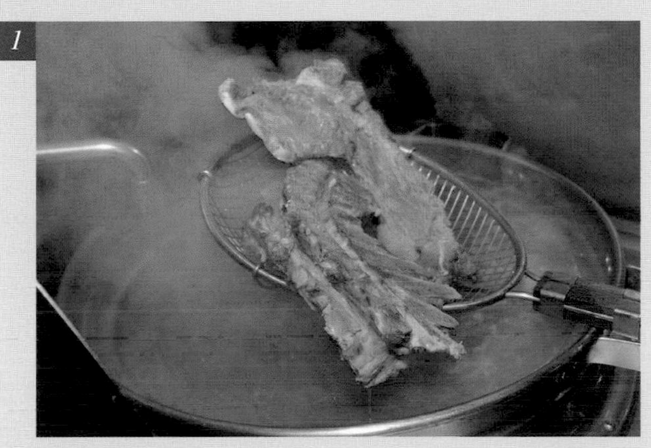

為了避免豬肩胛骨發出臭腥味，稍微汆燙後再放入裝好水的湯桶鍋裡加熱。

2

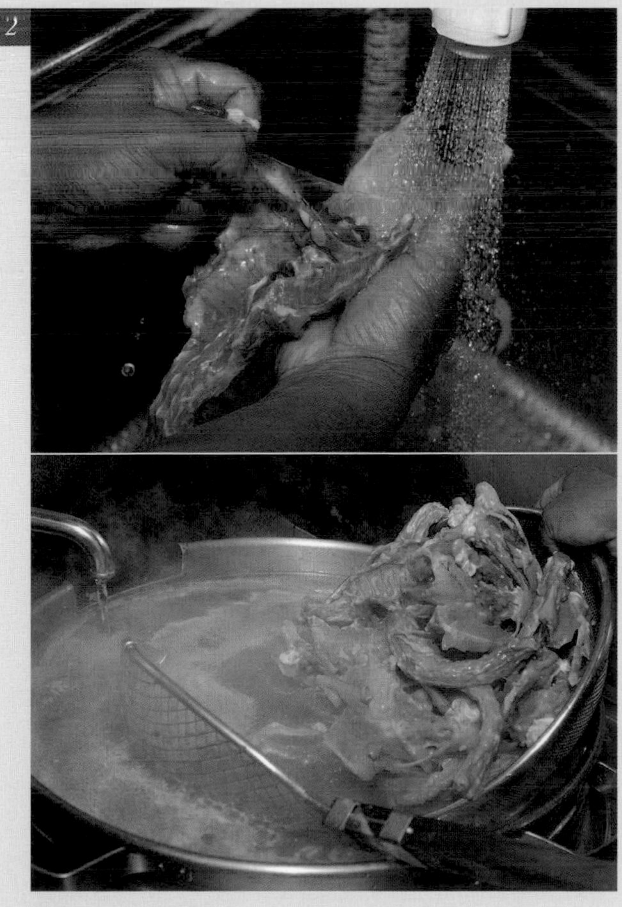

採買一早現宰的雞骨架，將心臟等內臟清除乾淨後汆燙。

使用重視新鮮度的雞骨架，將附著於雞骨架上的內臟清除乾淨。豬骨方面，選用豬肩胛骨，因為這部位附著的豬肉比豬背骨多。幾乎都是動物類食材，所以熬煮出來的湯頭較為清澈，但充滿濃郁感和鮮味，口感也極為醇厚圓潤。

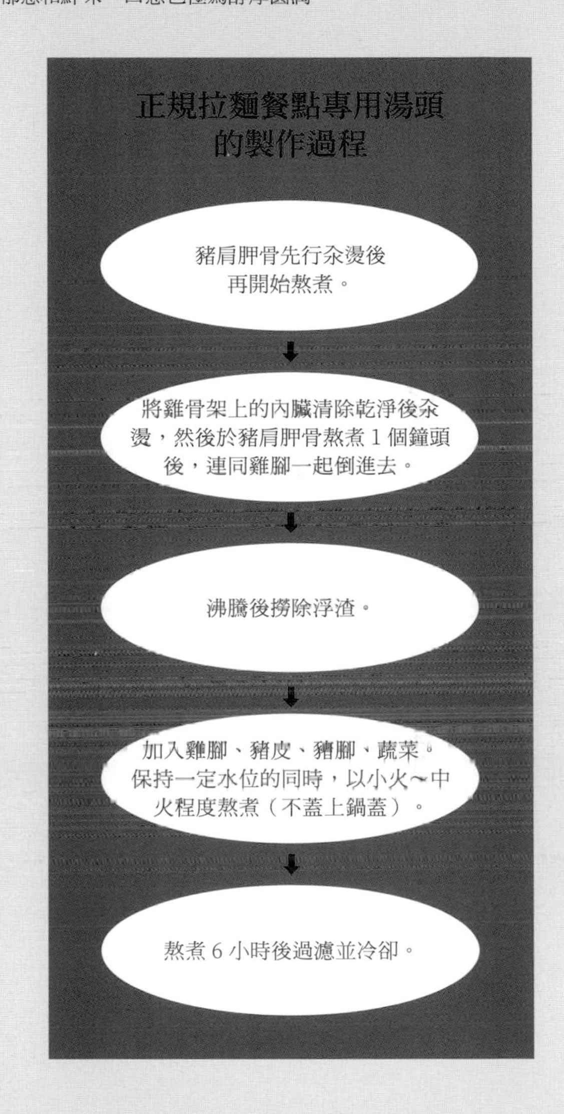

3

豬肩胛骨熬煮1小時左右後，加入汆燙後的雞骨架。在差不多時間也倒入清洗乾淨且事先汆燙的雞腳。選擇尺寸比較小的雞腳。沸騰時只撈除一次浮渣。

4

接著加入洗乾淨的豬皮，然後是豬腳和少許蔬菜。辣椒用於提味，而生薑雖然可以消除臭腥味，但因為會破壞湯頭美味，所以不添加生薑。熬煮豬皮時，若時間超過 7 個小時容易變質，所以熬煮時間盡量控制在 6 個小時左右。

5

保持水位的同時不要攪拌，以小火～中火熬煮，維持咕嘟咕嘟沸騰狀態。蓋鍋蓋容易使水分蒸發得更快，所以熬煮時不蓋上鍋蓋。

6

添加豬皮後熬煮6個小時左右，然後過濾。迅速冷卻過濾後的湯頭。營業期間再將湯頭倒入鍋裡加熱。設置溫度計，注意不要讓湯頭溫度高於100℃。

4 將雞皮、豬背脂油炸至褐色。變褐色的雞皮和豬背脂容易爆裂飛散，油炸時務必特別小心。油炸後的油、雞皮、豬背脂都要使用。

鹽味醬汁

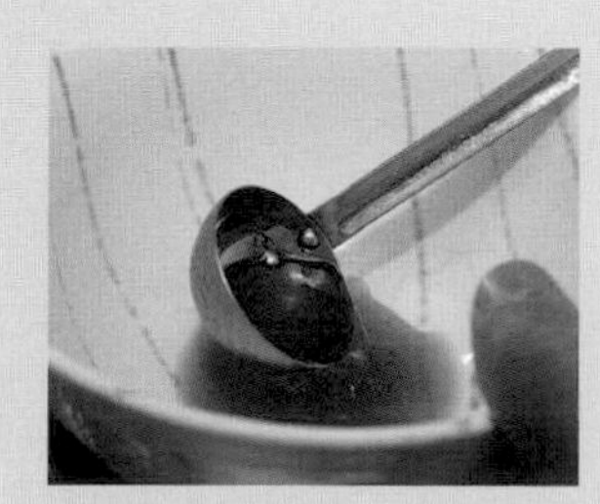
使用越南（清化）的海鹽。熬煮日本清酒、白葡萄酒、雞皮、生薑，然後搭配海鹽調製成鹽味醬汁。

醬油醬汁

使用廣島的甜味醬油、丸大豆淡味醬油、濃味醬油等7種醬油，搭配蜂蜜調製成醬油醬汁。沒有添加鰹魚等柴魚片，追求傳統且經典的醬油風味。

風味油

店家稱風味油為「KARIKARI」。以橄欖油和花生油熬煮雞皮和豬背脂，將熬煮的油和酥炸後的雞皮、豬背油混合一起使用。

材料

雞皮、豬背脂、橄欖油、花生油

作法

1 汆燙雞皮和豬背脂。

2 將汆燙後的雞皮和豬背脂放入攪拌機中攪拌成粒狀。如果不事先汆燙，無法攪拌成粒狀。

3 將粒狀雞皮和豬背脂放入橄欖油和花生油中熬煮。由於容易沾黏在一起，所以務必充分混拌後再熬煮。

中華蕎麦 ひら井

店老闆曾擔任大和製作所的製麵機業務員，擁有相當獨特的經歷。他活用傑出的製麵技術，開發以麵條為主角的「蕎麥沾麵」招牌餐點。為了打造別人模仿不來的沾麵，完全不使用魚貝類高湯。巧妙地將雞、豬、牛的鮮味結合在一起，完成濃厚又獨樹一格的美味。開業至今快要2年，即使是平日用餐也得等上1個小時左右，而假日更需要排隊等上2個小時。

■東京都府中市栄町2-11-7 ■規模/13坪・11個座位 ■店老闆 上野竜一

叉燒蕎麥沾麵（一般）1500日圓

不使用魚貝類高湯，以100%動物食材熬湯，致力於打造濃醇又充滿個性味道的湯頭。上圖中叉燒肉增量的餐點會多酌收300日圓，可以追加2種豬梅花肉（燒烤・低溫烹調）。

完成叉燒蕎麥沾麵（一般）

端上桌之前才開始炙燒叉燒肉。照片是作為增量叉燒肉的吊烤豬五花肉叉燒。燒烤香氣令人食慾大增。

碗裡放入三溫糖和醬油醬汁，調製沾醬。添加三溫糖是為了讓沾醬和麵條充分結合，為了完食後的餘味猶存，另一方面，也有助於避免吃膩。隨餐附上每天變換的柑橘類水果（檸檬或萊姆），讓客人能夠依個人喜好調整酸味，也因為這樣的緣故，餐點裡面不加醋。粗筍乾也是以醬油醬汁調味，保持味道的整體性。

用於蕎麥沾麵的特粗麵條，煮麵時間為 13 分鐘。以流動清水洗掉黏糊，調整形狀後盛裝於麵碗裡。

取小鍋加熱3號湯頭並注入麵碗裡。將完成的沾醬連同盛裝器皿一起放入微波爐中加熱，趁熱端上桌給客人享用。

將叉燒肉和海苔擺在排列整齊的麵條上，而不是放入湯裡面。

中華蕎麥麵（普通） 1000日圓

使用雞、豬、牛 100% 動物類食材熬煮湯頭，打造濃郁且具深度的美味。添加帶有薰香味道的「炭烤油」，讓口中留下令人回味無窮的鮮味。另一方面，使用具有紮實口感的低加水率麵條，烹煮後也不容易變軟爛，可以保留麵條最原始的味道與口感。

完成中華蕎麥麵（普通）

1

將吊烤叉燒肉滴下來，充滿撲鼻香氣的「炭烤油」和醬油醬汁注入麵碗裡。由於湯頭裡也含有油脂，所以炭烤油少量添加即可。

2

將１號湯頭和３號湯頭以３：１的比例混合在一起，於客人點餐後再以小鍋加熱並盛裝至麵碗裡。

3

使用中華蕎麥麵專用麵條（22號切麵刀，加水率28％，普通分量１４０ｇ）。煮麵時間為40秒。

4

將炙燒後的吊烤豬五花肉叉燒、九條蔥和特粗筍乾盛裝於麵條上。

『中華蕎麦ひら井』的豚骨湯頭

使用 1 個湯桶鍋，有效率地熬煮 3 種不同濃度的湯頭。在雞肉、豬肉熬煮的湯裡添加牛肉，再加上不使用魚貝類食材，打造多層次且具有深度的味道。因為搭配使用不同種類的湯頭，沾麵和中華蕎麥麵給人截然不同的感受，但無論哪一種，同樣都是以豬前腿骨萃取的骨髓鮮味為基底。充滿濃郁肉感的豬頭，搭配牛骨的鮮味與甜味，打造讓人一吃成主顧的美味。由於雞食材容易加速湯頭變質，所以不使用雞骨架，只使用雞腳和雞脂肪來增加黏度。

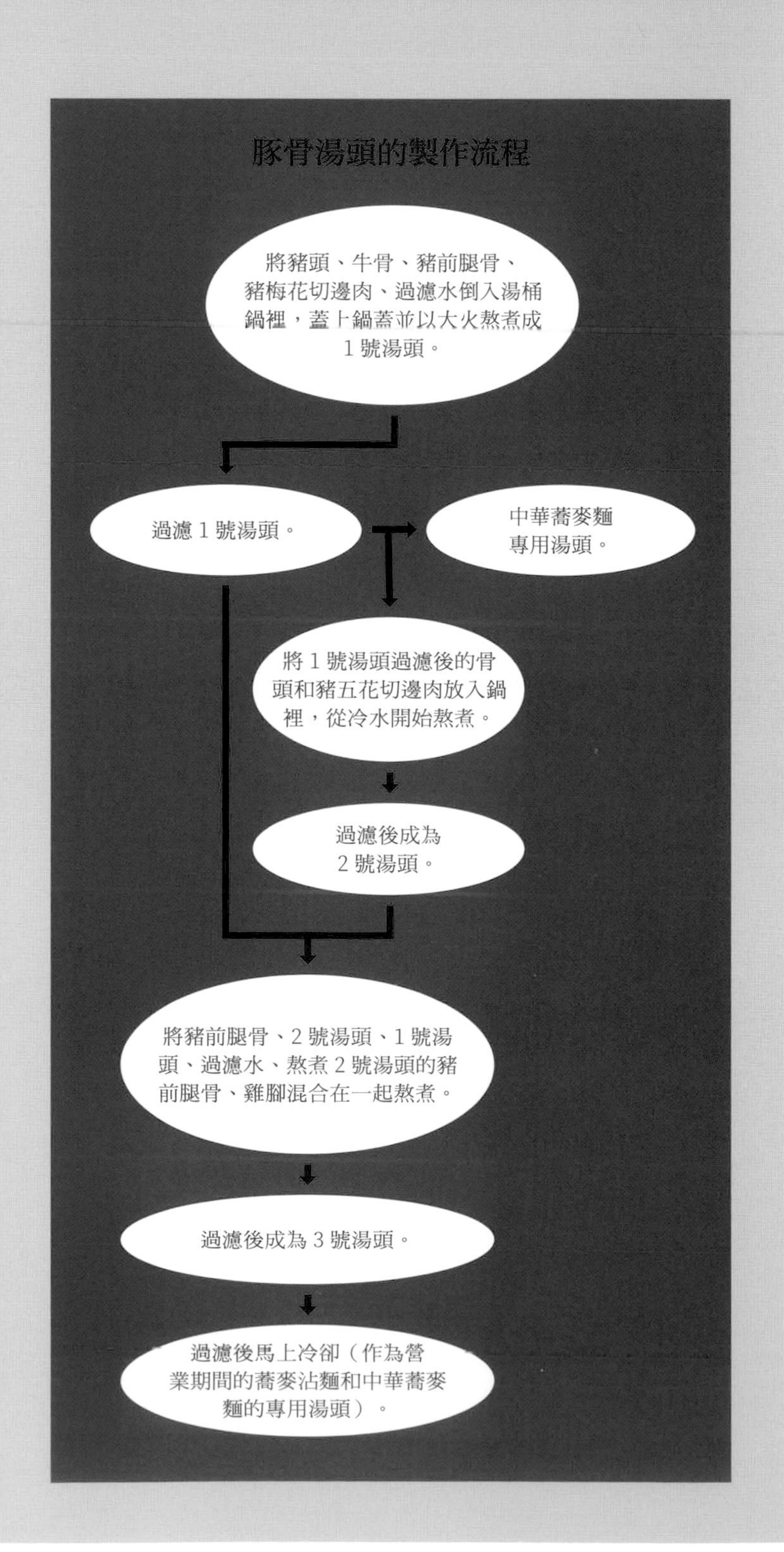

1 號湯頭

中華蕎麥麵的專用湯頭，也用於熬煮 2 號湯頭和 3 號湯頭。為了熬煮沒有骨渣且口感光滑的湯頭，一旦骨髓流出來就要丟棄。這樣也可以避免燒焦。

材料

豬頭、牛骨（大腿骨）、豬前腿骨、豬梅花切邊肉、過濾水

作法

1 將食材全部放入鍋裡，蓋上鍋蓋並以大火熬煮。將豬頭墊於底部，食材比較不容易燒焦。

2 沸騰後轉為小火，撈除黑色浮渣。

3 浮渣撈除乾淨後，外火全開。稍微錯開鍋蓋，讓冷水以涓涓細流的方式流入湯桶鍋裡以維持一定的水位，慢慢熬煮6小時。以1小時1次的頻率攪拌湯頭。6小時後關火，蓋上鍋蓋以餘熱保溫。

4 這時候丟棄關節部位的骨頭和流出骨髓的豬前腿骨。並且將沒有流出骨髓的豬前腿骨移到湯桶鍋一側。

5 使用錐形篩過濾掉肉渣。只留骨頭繼續熬煮2號湯頭。

6 使用湯冷卻器，透過流動冷水來冷卻湯頭。

7 稍微變涼後，將湯桶鍋移至蓄滿冰水的水槽中，進一步冷卻。將湯頭分成中華蕎麥麵專用和熬煮2號湯頭、3號湯頭專用。中華蕎麥麵專用的湯頭放入冰箱冷凍，2號湯頭、3號湯頭專用湯頭則冷藏保存。

2 號湯頭

熬煮 3 號湯頭的基底——2 號湯頭。將熬煮 1 號湯頭的骨頭類食材進一步加熱烹煮，確實萃取之前短時間內無法完全提取的骨髓和腦髓等鮮味。藉由添加叉燒肉兩端較不規則的切邊肉，打造更濃郁強烈的味道。完成濃度為 4 ～ 5%。

材料

過濾 1 號湯頭剩餘的骨類食材、豬五花切邊肉、過濾水

作法

1 在過濾1號湯頭剩餘的骨類食材中添加足夠的淨水，鋪平骨類食材。用食物夾夾住豬頭，然後以鐵棒敲擊，讓碎肉、眼睛、腦髓落至湯裡。

2 煮熟的叉燒肉邊緣通常較不規則，將這些叉燒切邊肉也放入鍋裡，蓋上鍋蓋後，內外火全開加熱至沸騰。快沸騰之前最容易燒焦，務必適度攪拌。

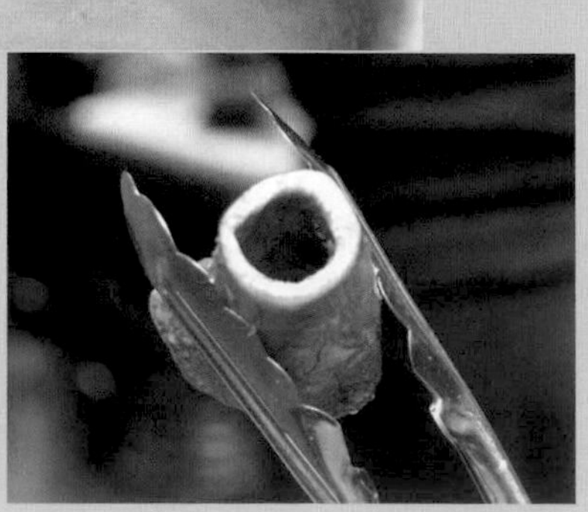

3 沸騰後關掉內火，適度攪拌以避免燒焦。熬煮3個小時後，輕敲豬前腿骨讓骨髓流出來，然後丟棄。

4

3 小時後關火，蓋上鍋蓋，以餘熱保溫至隔天。

5

隔天一早用錐形篩過濾。以筷子攪拌搖動有助於順暢過濾。

6

用手拿掉大塊骨頭，還留有骨髓的豬前腿骨另外保存。取小鍋擠壓碎肉渣以確實萃取湯頭。

2

將過濾後的2號湯頭倒入湯桶鍋裡，接著倒入冷藏保存的1號湯頭。然後注入過濾水到蓋過豬前腿骨的程度。

3

蓋上鍋蓋並以大火加熱。將剛才取自 2 號湯頭的豬前腿骨放在鍋蓋上溫熱，方便之後萃取骨髓。

3 號湯頭

將 1 號湯頭和 2 號湯頭混合在一起，添加新的豬前腿骨和雞食材，慢慢熬煮 9 個小時。最後 2 個小時一口氣濃縮湯頭，讓濃度瞬間提升至 19 ～ 20%。完成後的湯頭主要用於蕎麥沾麵，另外也用於中華蕎麥麵，但只占總湯頭的 1/4。

材料

豬前腿骨、2 號湯頭、1 號湯頭（冷藏備用）、過濾水、熬煮 2 號湯頭的豬前腿骨、雞脂肪、雞腳

作法

1

將新的豬前腿骨放入湯桶鍋裡。雞脂肪浸泡在水裡解凍備用。

4

由於容易燒焦，務必在快要沸騰之前充分攪拌。

5

沸騰後轉為內火。不撈取浮渣，但在這段期間，將置於鍋蓋上溫熱的豬前腿骨中的骨髓取出並放入湯頭裡。

6

撈除浮渣，當泡沫不再溢出後，加入雞脂肪。從內火改為外火，蓋上鍋蓋並熬煮6個小時，隨時取出無法再萃取高湯的關節部位。

7

熬煮大約3個小時，添加雞腳混拌均勻。以涓涓細流方式添加冷水的同時，蓋上鍋蓋繼續熬煮3個小時。沸騰之前火力全開，沸騰後轉為只用外火加熱。

8

為了避免燒焦，每隔15分鐘開蓋1次，充分攪拌均勻。趁這個時候丟棄關節部分和骨髓已經流出的豬前腿骨。

9

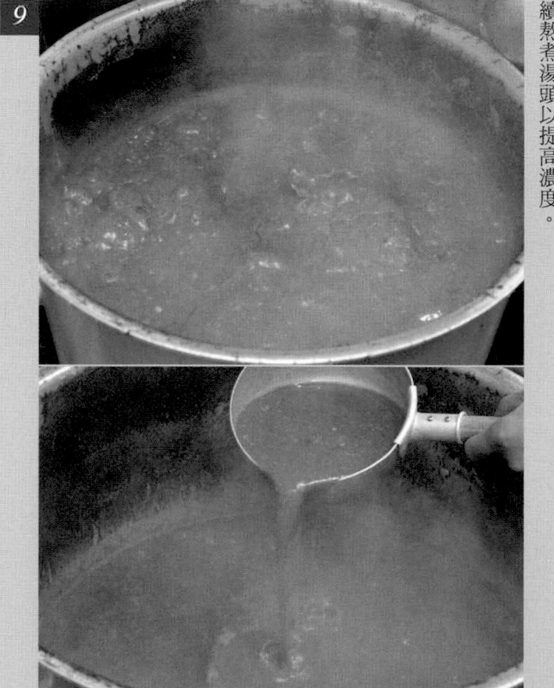

放入雞腳的2個小時後，不再添加冷水，充分攪拌的同時繼續熬煮湯頭以提高濃度。

10

將湯頭倒入過濾機中過濾，然後再進一步使用錐形篩過濾。

11

使用湯冷卻器，以流動冷水冷卻過濾後的湯頭。稍微變涼後，將湯桶鍋移至蓄滿冰水的水槽中。冷卻且凝固後，平均分為數份，靜置於冷藏室1天後再使用。

吊烤叉燒肉（豬五花肉、豬梅花肉）

國外進口的豬肉若以吊烤方式烹煮，經過一段時間後容易變得乾澀，所以店家一律使用日本產豬肉。豬五花肉用於烹煮一般叉燒肉，豬梅花肉則用於烹煮客人加點的叉燒肉。約有 7 成的客人會加點叉燒肉，追加雙倍、三倍的客人都不算少數。

材料

豬五花肉、豬梅花肉（帶有脂肪的部位）、木炭

作法

1

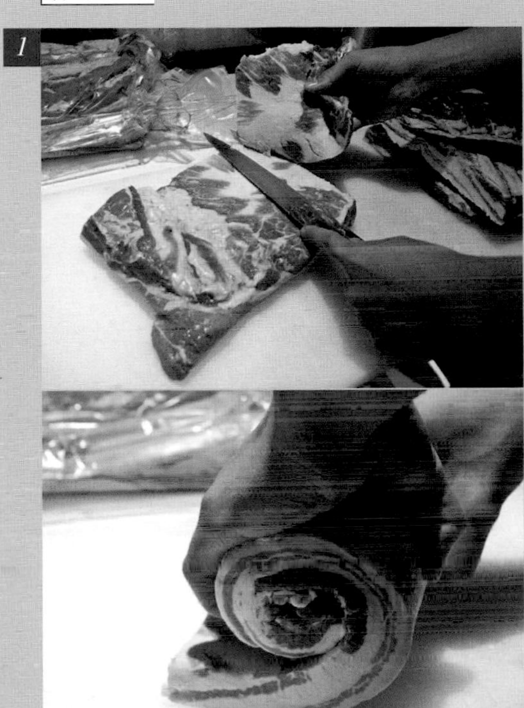

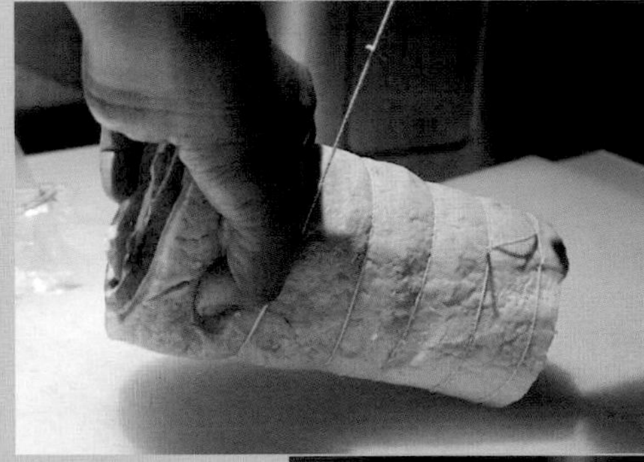

去除骨頭、軟骨和筋之後，將豬五花肉攤平展開。比較柔軟的部位朝內，捲成蛋捲狀，並用棉線朝各個方向捆綁，牢牢固定豬五花肉。

2

燒木炭並架好烤豬爐。事先將大小木炭摻雜在一起，幫助快速生火。

3

將蛋捲狀的豬五花肉掛在吊烤掛勾上，然後放入烤豬爐中，吊烤約 2 個小時。最理想的火候狀態是爐蓋上放一條濕毛巾時，會發出輕輕的咻咻－聲。吊烤過程中，若火力太強，則蓋緊爐蓋並添加木炭。相反的，若火力太弱，則掀開爐蓋。

4

吊烤豬五花肉的過程中，開始準備豬梅花肉。將豬梅花肉縱向對半切開，去除筋和骨頭。

5

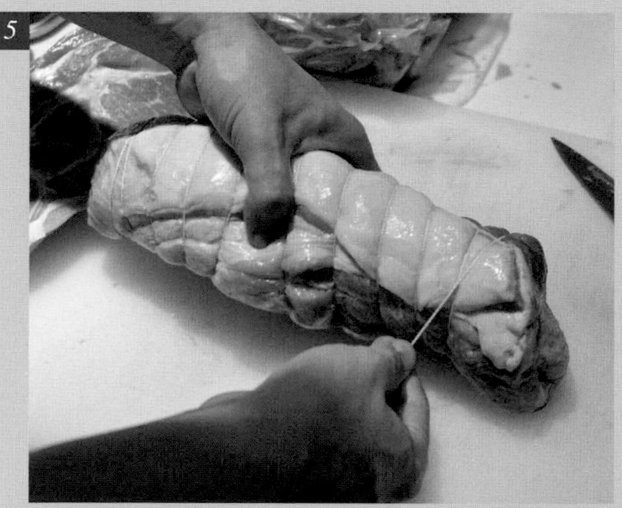

有脂肪的那半邊豬梅花肉以吊烤方式處理，烤後再以醬油燉煮，所以作法同豬五花肉，用棉線確實綑綁成蛋捲狀。

6

豬五花肉放入烤豬爐35分鐘後，在爐內架一片烤網，然後擺上蛋捲狀的豬梅花肉（燒烤時間約1小時25分鐘）。放入豬梅花肉的同時，檢查一下火候。想快速加強火力時，添加小塊木炭；想多花點時間慢慢燒烤時，則添加大塊木炭。

7

在烤豬爐的出油口處放一個鍋盆或小碗，經常檢查出油速度。油脂一滴一滴滴落的程度代表火候最為恰當，如果油脂量多且快速流出，代表火力太強。可以透過爐蓋的開闔和追加木炭的方式加以調整火候。

8

經常檢查豬肉的烤色。為求烤痕均勻，要經常轉動烤豬爐，以夾子翻動豬肉以調整位置。控制火候是非常重要的工作，絕對不可以輕忽。

9

完成後自吊烤掛勾上取下豬五花肉。將事先沸騰備用的叉燒醬汁分成2份，各自放入豬五花肉和豬梅花肉，擺上落蓋後以小火熬煮2個小時。豬五花肉那一鍋維持94～95℃，豬梅花肉那一鍋維持78～79℃。

豬五花肉叉燒

豬梅花肉叉燒

10

1小時過後，調整一下豬五花肉的位置。豬梅花肉部分，則是以油脂那一面朝下熬煮1小時20分鐘後，翻面繼續熬煮40分鐘，讓整塊豬梅花肉能夠均勻入味。

豬五花肉叉燒

豬梅花肉叉燒

11

豬五花肉叉燒

2個小時過後，將豬五花肉自醬汁中取出，拆掉棉線。

豬梅花肉叉燒

12

豬五花肉叉燒

完成後的叉燒肉於當天使用完畢。不事先切片，而是客人點餐後才開始切片，並以瓦斯噴火槍炙燒後提供。豬五花肉叉燒要確實炙燒，而豬梅花肉叉燒則是表面稍微乾烤上色就好。

豬梅花肉叉燒

叉燒肉醬汁

濃味醬油和味醂的比例為 7：3。每次使用過後，丟棄多餘的油脂和醬汁，並且補充新鮮的調味料。調製好的叉燒肉醬汁，除了用於烹煮 2 種吊烤叉燒肉，也用於淹漬低溫烹調的叉燒肉。

材料

叉燒肉醬汁（老滷汁）、濃味醬油、味醂、SHIMAMASU 鹽（沖繩海鹽）、鮮味粉（味之素）

作法

1

撈除老滷汁（叉燒肉醬汁）上層凝固的油脂。

2

使用過濾篩網過濾，並且再次撈除油脂。之後會再補充新的調味料，所以舀出一些醬汁。這些醬汁可再次活用於淹漬溏心蛋。

3

添加濃味醬油、味醂、SHIMAMASU 鹽和味之素。

4

吊烤叉燒肉準備出爐的1個小時前，開始加熱叉燒肉醬汁。這些要用於淹漬叉燒肉，所以將溫度維持在80～90℃。

5

叉燒肉快出爐之前，將叉燒肉醬汁分為 2 份，熬煮豬五花肉那一鍋維持 94 ～ 95℃，豬梅花肉那一鍋維持 78 ～ 79℃。

6

熬煮完的醬汁作為日後老滷汁使用，先妥善加以保存。另外也可以作為叉燒肉丼飯調味醬汁使用。

低溫調理叉燒肉

想調製不同於吊烤叉燒肉的味道，所以另外使用三溫糖和黑胡椒等調味料。先塗抹粗顆粒砂糖的話，會導致鹽的味道不容易滲透，務必留意塗抹調味料的順序。使用砂糖的目的也是為了保持濕潤。

材料

豬梅花肉（沒有油脂的部分）、
SHIMAMASU 鹽（沖繩海鹽）、三溫糖、黑胡椒

作法

1

先將豬梅花肉對半切開，使用沒有油脂的那半邊。切除明顯的筋和骨頭。

2

將海鹽撒在豬梅花肉上，用手塗抹均勻以避免結塊。

3

接著撒上三溫糖，同樣用手整體塗抹均勻。

4

接著撒上大量黑胡椒，同樣用手塗抹均勻。處理完所有調味料後，靜置托盤中2個小時靜待入味。

5

2 個小時後，將肉移至夾鏈密封袋中，並且倒入熬煮吊烤叉燒肉的叉燒肉醬汁。

6

浸泡在熱水裡的同時擠出空氣，呈真空狀態後緊閉密封袋。以56℃的溫度加熱10個小時。為避免密封袋向上浮起來，在密封袋上面擺一個裝有烘焙石的碗重壓。

7

10 個小時過後，連同整個密封袋一起放入冷水中冷卻。完全冷卻後，整袋放入冰箱冷凍。使用的前一天取所需分量解凍。不要事先切片備用，於客人點餐後再切成薄片。

沾麵專用粗麵

配置使用 10 號切麵刀切條的方形直麵（煮麵時間為 13 分鐘）。加水率略低於 40%，目標是打造飽滿厚實的口感。另一方面，為了增添拉麵的切齒感，鹼水用量略多一些，約 2%。使用碳酸鉀和碳酸鈉的混合比例為 7：3 的粉末鹼水。

材料

AYAHIKARI（あやひかり，中筋二等麵粉）、CHIKUGOIZUMI（チクゴイズミ，中筋麵粉）、春戀石臼研磨麵粉（全麥麵粉）、生全蛋、過濾水、粗鹽、粉末鹼水（碳酸鉀＋碳酸鈉）、梔子花粉

作法

1

正確測量 AYAHIKARI、CHIKUGOIZUMI、春戀石臼研磨麵粉用量後混合在一起，並且空轉攪拌3分鐘以上。

2

將粗鹽、粉末鹼水、梔子花粉依序倒入充分冷卻的水中，攪拌使其溶解於水中。

3

取另外一個容器，將生全蛋打散，然後倒入2裡面。在冷度不夠的夏季，另外添加冰塊。

4

倒入一半分量的3，攪拌7分鐘。加入剩餘的一半，繼續攪拌3分鐘。攪拌過程中，隨時刮下黏在攪拌葉和攪拌機內側的麵糊。最理想的狀態是攪拌後呈肉鬆狀的麵團，溫度大約是24～25℃。

5

進行粗整作業，碾壓成 1.5 ㎜厚度的粗麵帶。使用大和製作所的製麵機。

進行第一次複合作業，碾壓成 2 mm厚度的麵帶，第二次複合作業，碾壓成 3 mm厚度的麵帶。進行第二次複合作業時，要撒上手粉。

覆蓋塑膠袋，置於 25℃左右的室溫下至少 1 個小時，進行麵帶熟成作業。

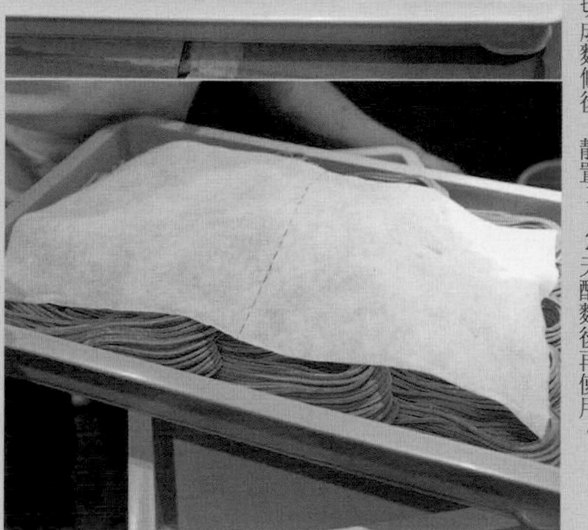

正反面皆撒上手粉，然後進行切條作業。蕎麥沾麵的主角是麵條，切成45 cm的長度，讓客人充分享受吸啜麵條的樂趣。切成麵條後，靜置1～2天醒麵後再使用。

清湯

為避免湯頭的魚貝風味被蓋過，使用適合搭配動物類湯頭且後味清爽的生薑清湯。生薑清湯可重覆使用，只需要不斷添加食材並繼續熬煮。但以一個星期為限，一週後丟棄並重新熬煮。

材料

清湯、生薑、水

作法

1

去除生薑上的泥土並充分清洗乾淨，帶皮切成片狀。

2

在清湯裡添加水和生薑，熬煮 30 分鐘至沸騰。

3

關火並過濾生薑，僅將生薑清湯注入熱水壺中。

炭烤油

吊烤叉燒肉時產生的油，過濾後作為拉麵的風味油使用。營業前隔水加熱，於溫熱後使用。

無論什麼蔥都能輕鬆快速切，生意興隆的最佳助手—千葉工業所的精心傑作

蔥平 Junior（ネギ平ジュニア）

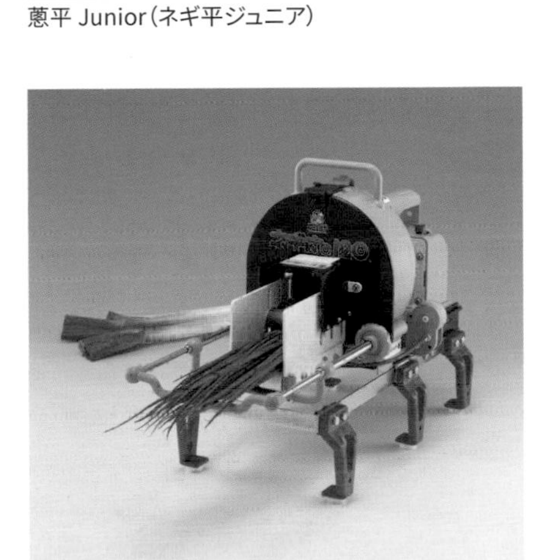

電動蔥丸 120（電動ネギ丸 120）

電動 SHIRAGA 2000.保留蔥芯型

電動 SHIRAGA 2000.去除蔥芯型

蔥，是拉麵店打造美味拉麵時不可欠缺的食材之一。隨著點餐人數的增加，蔥的使用量也會跟著大幅提昇，而切蔥花將會變成一項令人感到疲累的浩大工程。

這時候既能簡化這項辛苦又麻煩的作業，又能讓店面生意興隆的最佳助手，就是以名配角之姿廣受好評的千葉工業所製造的各種小幫手設備。

小幫手之一「蔥平Junior（ネギ平ジュニア）」，這是台專門切白蔥的電動切蔥機，機器有兩個投入口，可分別切成蔥末和蔥絲。機台體積小且重量輕，非常容易操作，既能安全裝卸刀片，清洗時也完全不費功夫。銳利的刀片高速旋轉，切蔥花的動作流暢又俐落。機身尺寸為１８０×２７０×３１０㎜，重量約２㎏。

小幫手之二「電動蔥丸１２０（電動ネギ丸１２０）」，只要是蔥，交給它準沒錯。高速旋轉的圓刀片緊扣住蔥身，無論是白蔥、青蔥、韭菜，都能在不溢出汁液的情況下迅速又完美地切出蔥花。拆下馬達後，可以像手動切蔥機一樣，整台拿去水龍頭底下沖洗。另外附有可以選擇厚度的裝置配件，只要將正面前蓋部分更換成切蔥絲的配件，就能將蔥切成絲狀或短條狀（取代白髮蔥絲），最適合用來製作蔥拉麵。機身尺寸為４７０×２４０×３６０㎜，重量約７．４㎏。處理速度為３㎏／10分鐘（厚度１㎜的情況下）。另外也有手動式「手動蔥丸１２０（手動ネギ丸１２０）」。

再來介紹的小幫手之三「電動SHIRAGA ２０００．保留蔥芯型」，這是一款能夠輕鬆切出近似人工手切白髮蔥絲的電動切蔥機。將蔥放進投入口，再以機器隨附的壓棒推壓進去，就可以輕鬆切出白髮蔥絲。馬達和刀片部分都能夠簡單裝卸，再加上整個機身非常輕巧，即使每天清潔也完全不費吹灰之力。機身尺寸為２００×３７０×３７５㎜，重量約５．５㎏。處理速度為３㎏／５分鐘。另外也有無芯類型。

最後要介紹的是「手動SHIRAGA ２０００．去除蔥芯型」，一款能夠輕鬆切出近似人工手切白髮蔥絲的手動切蔥機。只要將去除蔥芯的蔥放進投入口，再以手搖方式轉動握把即可。圓形刀片緊扣住管狀蔥身，輕輕鬆鬆就能切出蔥絲。不僅容易清潔，也因為機身輕巧，操作起來非常直覺又輕鬆。機身尺寸為１９５×２４０×２５５㎜，重量約２㎏。處理速度為２㎏／10分鐘。另外也有保留蔥芯型。

■諮詢／千葉工業所股份有限公司　〒273-0043　千葉県船橋市丸山 4-53-14
TEL:047-438-3411 https://www.chiba-ind.co.jp

かしわぎ

在拉麵群雄激戰區的東京・東中野，かしわぎ是一家顧客總是大排長龍的人氣拉麵店。以「不使用特殊食材，寧可多花點精力烹煮好料」為信念，使用壓力湯桶鍋熬煮動物類湯頭和數種魚貝類湯頭，再將二者混合在一起，製作鮮味強烈的豬清湯拉麵。2022 年 11 月重新打造新口味，除了改用香氣更濃郁的窯烤叉燒肉，熬煮動物類湯頭時也另外添加豬頭和雞骨架，不斷精進改良美味。

■東京都中野区東中野 1-36-7 ■規模 /14.5 坪・吧台 5 個座位，4 人桌 1 個
■店老闆 佐々木洋平

醬油拉麵 780 日圓

醬油拉麵是最受歡迎的招牌餐點。最大特色是使用名為「掃湯」的技法，將雞胸絞肉放入白高湯中吸附油脂以製作成高級清湯。湯頭看起來十分清澈，但充滿豬前腿骨、豬頭、豬腳等豬食材的強烈鮮味。目標是打造具多種味道的拉麵，雖然是豬清湯，但也使用大量魚貝類食材。配料包含 2 片香氣濃郁的窯烤豬五花肉叉燒、筍乾和青蔥。麵條配置麵屋棣鄂製作的細直麵條。

完成**醬油拉麵**

1

將湯頭倒入小鍋裡加熱。

2

溫熱備用的麵碗裡倒入風味油和醬油醬汁各 30 ㎖，以及 250 ㎖ 的湯頭。

3

接著放入煮熟的麵條。配置麵屋棣鄂製作的細直麵條，1人份為120g，使用22號切麵刀切條。煮麵時間為1分10秒。放入麵碗裡後充分拌開。

4

依序盛裝筍乾、2片窯烤叉燒肉、蔥絲等配料。將蔥絲擺在麵碗中央。

鹽味叉燒麵（溏心蛋） 1150 日圓

一道能夠享受各種食材鮮美味道的餐點。同醬油拉麵一樣的湯頭裡，添加以昆布、小魚乾、數種柴魚節熬煮的鹽味醬汁。除了鹽，也添加薄味醬油、白醬油以補強鮮味。叉燒拉麵裡有5片窯烤豬五花肉叉燒。

完成鹽味叉燒麵（含溏心蛋）

1

取小鍋溫熱湯頭。事先溫熱備用的麵碗裡倒入風味油和鹽味醬汁各 30 ㎖。鹽味醬汁要充分拌勻後再倒進麵碗裡。

2

注入 250 ㎖湯頭。使用和醬油拉麵一樣的湯頭。

3

接著放入煮熟的麵條。配置麵屋棣鄂製作的細直麵條，1 人份為 120g，使用 22 號切麵刀切條。煮麵時間為 1 分 10 秒。放入麵碗裡後充分拌開。

4

依序盛裝筍乾、溏心蛋、5 片窯烤叉燒肉（一般拉麵餐點為 2 片）、蔥絲等配料。將蔥絲擺在麵碗中央。

『かしわぎ』的動物類湯頭

材料

A
豬前腿骨 6 kg、豬頭 2 個、豬腳 2 隻、
豬皮 2 kg、水 5.5 ℓ（淨水器過濾水）
B
豬前腿骨 6 kg、雞骨架 2 kg、豬腳 2 隻、
熬煮 A 的豬前腿骨、水 5 ℓ（淨水器過濾水）
C
豬背骨 10 kg、雞胸絞肉 8 kg、水 20 ℓ（淨水器過濾水）、
A 和 B 白高湯、熬煮 B 時撈取的清澈油脂、
淹漬叉燒肉的醬汁（處理叉燒肉時的汁液）、
熬煮魚貝類湯頭剩餘的小魚乾、柴魚節

最大特色是透過「掃湯」技法將白高湯製作成高級清湯。進行「掃湯」時並沒有使用特別高級的食材，只透過壓力湯桶鍋並以大火熬煮，充分萃取美味湯頭。近年來為了打造味道的厚度，開始添加以前不曾使用的豬頭和雞骨架。

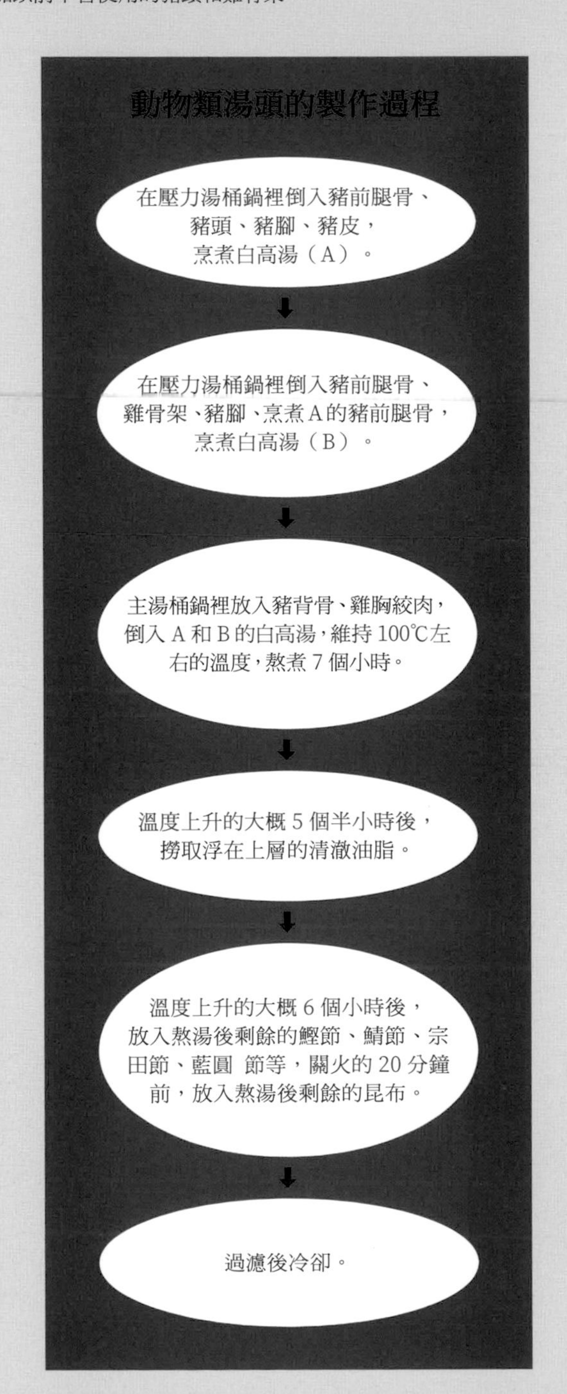

作法・A

1

將水倒入壓力湯桶鍋裡，接著依序放入事先處理且冷凍備用的豬前腿骨、汆燙過的豬頭。之所以先放入豬前腿骨，是因為重視食材的浸水程度。由於熬煮豬前腿骨時容易產生浮渣，所以需要事先處理，將豬前腿骨和 2 個豬頭煮沸後，再繼續加熱 20 分鐘，然後以清水洗淨並冷凍。

2 加熱壓力湯桶鍋，食材下降至鍋底後，放入豬腳和豬皮。

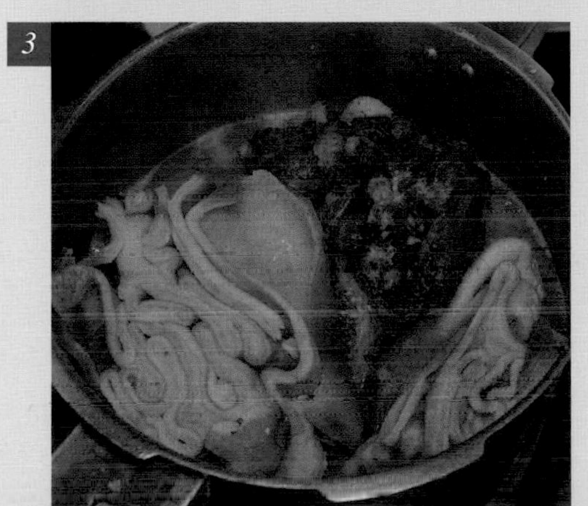

3 將所有食材都放入壓力湯桶鍋，蓋上鍋蓋並旋緊把手，開始施加壓力後，以大火熬煮90分鐘。照片為施加壓力之前的狀態。

4 90 分鐘後結束，這時候的豬頭變得非常軟爛易碎，所以直接用槌子在湯桶鍋裡敲碎豬頭，讓腦髓流出來以利萃取精華高湯。

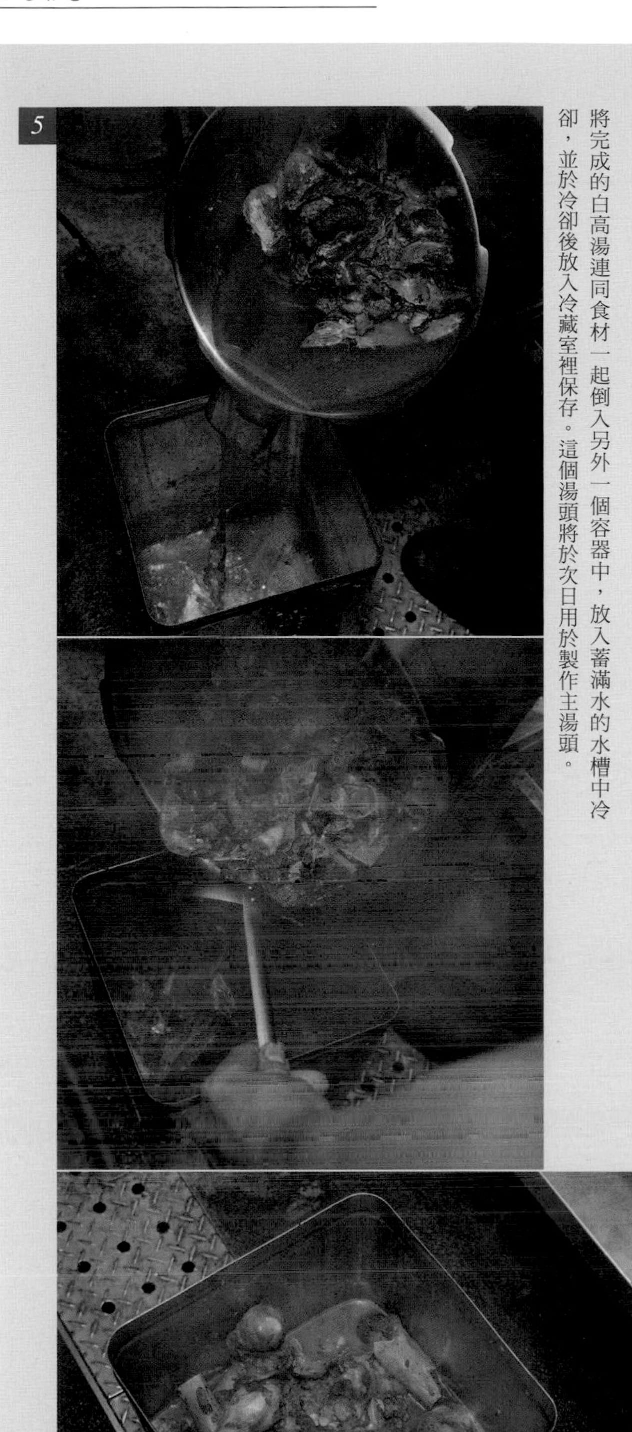

5 將完成的白高湯連同食材一起倒入另外一個容器中，放入蓄滿水的水槽中冷卻，並於冷卻後放入冷藏室裡保存。這個湯頭將於次日用於製作主湯頭。

4

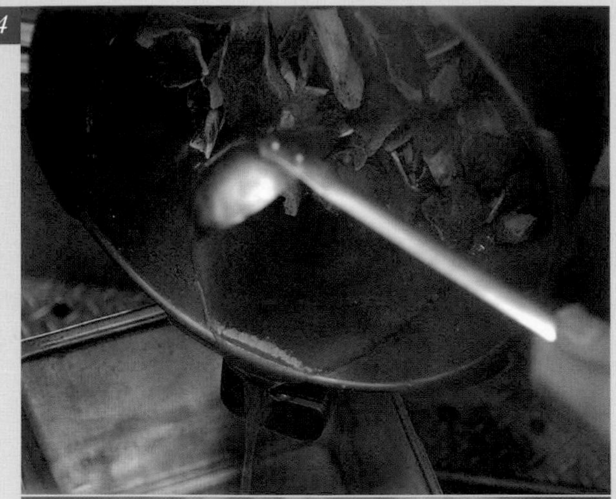

將完成的白高湯連同食材一起倒入另外一個容器中，放入蓄滿水的水槽中冷卻，冷卻後再放入冷藏室裡保存。這個湯頭將於次日用於製作主湯頭。

作法‧B

1

將水倒入壓力湯桶鍋中，依序放入事前處理好的冷凍豬前腿骨、豬腳、雞骨架。為了活用雞骨架的雜味，刻意不事先處理。

2

使用之前用於熬煮湯頭且為了方便萃取精華而以槌子敲碎的豬前腿骨。開始加熱壓力湯桶鍋。

3

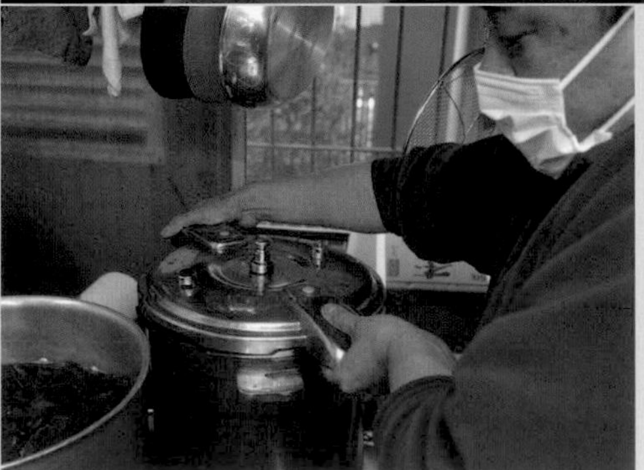

當食材沉入鍋底後，蓋上鍋蓋並旋緊把手，開始施加壓力並煮90分鐘。

作法·C

1

取部分用於熬煮主湯頭的水將雞胸絞肉拌開。利用水拌開絞肉，有助於讓絞肉散開在湯桶鍋裡。添加絞肉是一種名為掃湯的烹飪技法，透過絞肉吸附白高湯的油脂和渾濁，讓高湯變成清澈的高級清湯。

2

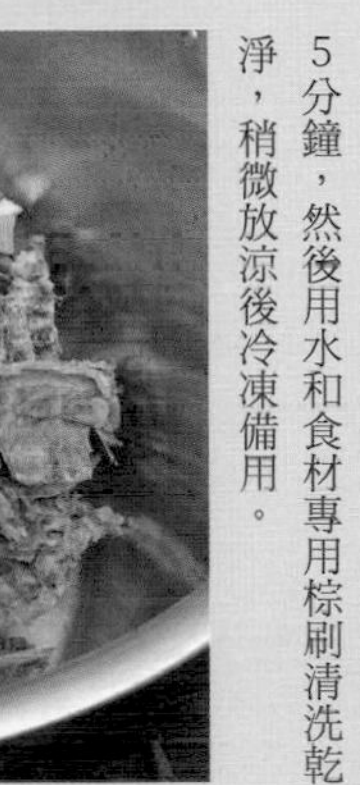

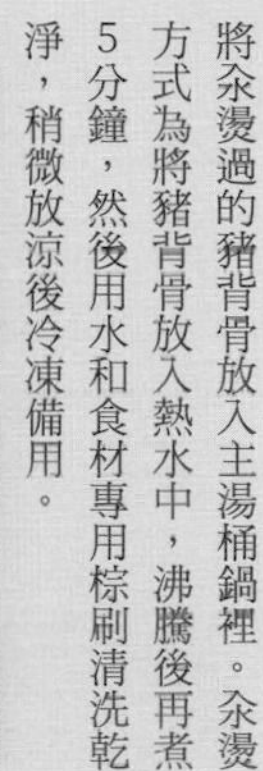

將汆燙過的豬背骨放入主湯桶鍋裡。汆燙方式為將豬背骨放入熱水中，沸騰後再煮5分鐘，然後用水和食材專用棕刷清洗乾淨，稍微放涼後冷凍備用。

3

水、豬背骨、雞絞肉都放進湯桶鍋後，火力全開讓溫度上升至沸騰之前。

4

將以豬前腿骨、豬頭、豬腳、豬皮、水熬煮的白高湯 A，連同食材一起倒入主湯桶鍋裡。

5

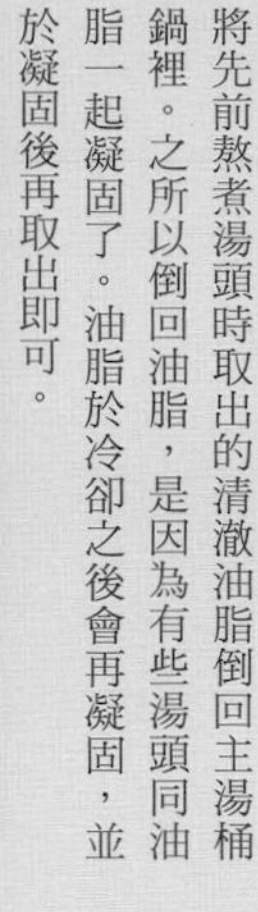

將先前熬煮湯頭時取出的清澈油脂倒回主湯桶鍋裡。之所以倒回油脂，是因為有些湯頭同油脂一起凝固了。油脂於冷卻之後會再凝固，並於凝固後再取出即可。

6

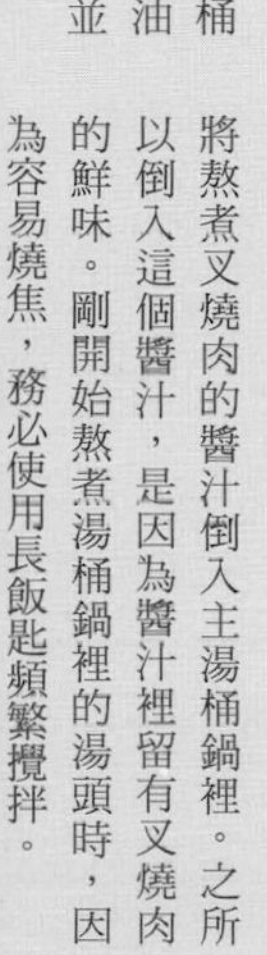

將熬煮叉燒肉的醬汁倒入主湯桶鍋裡。之所以倒入這個醬汁，是因為醬汁裡留有叉燒肉的鮮味。剛開始熬煮湯桶鍋裡的湯頭時，因為容易燒焦，務必使用長飯匙頻繁攪拌。

7

將白高湯 B 倒入主湯桶鍋裡，頻繁攪拌以避免燒焦，讓溫度上升至快要沸騰之前。維持100℃的溫度左右，慢慢熬煮7個小時。

8

自溫度上升的5個半小時後，分數次撈取浮在湯頭表面的清澈油脂。取出後的油脂不再使用，可直接丟棄。

9

6個小時後，倒入熬煮魚貝類湯頭時剩餘的小魚乾、鰹節、鯖節、宗田節、藍圓鰺節，並於關火的20分鐘前，倒入熬煮後剩餘的昆布。放入昆布的目的是作為過濾時的遮蔽蓋子使用，昆布能夠幫忙阻擋一些變得細小的食物渣，也方便之後湯頭容易從閥門流出來。

10

讓湯頭從湯桶鍋的閥門流出來，在這個同時使用錐形篩、濾網和廚房紙巾，充分過濾湯頭。用飯匙擋在湯桶鍋內側的出水口前，避免體積較大的食材堵住出水口。將過濾後積在廚房紙巾上的食材倒回湯桶鍋裡。過濾好的湯頭移至另外一個湯桶鍋裡，並置於蓄滿水的水槽中急速冷卻。

11

在用於混合湯頭的湯桶鍋裡倒入柴魚熬煮的魚貝類高湯、小魚乾高湯、昆布高湯、動物類白高湯。混合在一起後共計50公升，分別裝入5個10公升大小的湯桶裡，並且靜置於冷藏室裡保存，於隔天營業時再開始使用。一次使用一桶。主湯桶鍋裡沒用完的湯頭於隔天回收，並和事先撈取的清澈油脂一起倒入下一次要使用的主湯桶鍋裡。

『かしわぎ』的魚貝類湯頭

魚貝類湯頭由昆布高湯、小魚乾高湯、魚貝高湯混合而成。比起全部放入 1 個湯桶鍋裡熬煮，個別熬製比較能夠充分發揮各種食材的獨特味道。刻意不撈取浮渣，打造拉麵特有的風味。

材 料

羅臼昆布 800g、乾香菇柄 50g、水（淨水器過濾水、昆布高湯 20 ℓ、小魚乾高湯 10 ℓ、魚貝高湯 5 ℓ）
日本鯷魚乾 500g、小遠東擬沙丁魚乾 500g、脂眼鯡節 80g、鰹魚荒節 120g、鯖節和宗田節和藍圓鰺節各 60g

作 法・昆布高湯

1

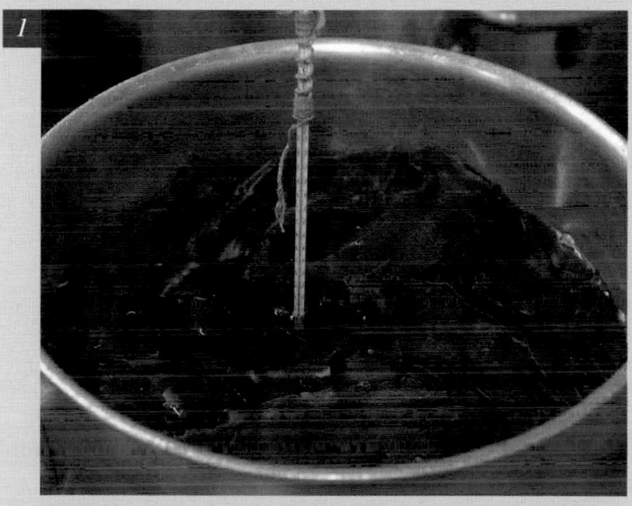

加熱前一天泡水備用的羅臼昆布、乾香菇柄。使用香菇柄主要是為了節省成本。

2

溫度上升至 60℃後關火並靜置 40 分鐘。40 分鐘後取出昆布並過濾，置涼後以廚房紙巾過濾，然後放入冷藏室裡保存。將熬煮高湯後剩餘的昆布放入主湯桶鍋裡。

作 法‧魚貝高湯

1

將鰹魚荒節倒入熱水中，同時設定40分鐘計時器和20分鐘計時器。20分鐘計時器響了之後，加入鯖節、宗田節和藍圓鰺節，在40分鐘計時器響鈴之前，以微沸騰狀態繼續熬煮。分2階段放入食材，是為了避免鰹節以外的食材熬煮時間過長的話，容易出現雜味。

2

熬煮完成後，過濾至方形桶鍋裡，然後置於蓄滿水的水槽裡冷卻。水槽裡另外擺放一些輔助固定用的碗，避免桶鍋四處漂動。冷卻至20℃後置於冷藏室裡保存。湯頭裡添加個別熬取的柴魚節、昆布、小魚乾高湯，有助於穩定高湯的品質。比起將所有食材全部倒進去熬煮，分別熬煮比較能夠充分發揮各種食材的特性。

作 法‧小魚乾高湯

1

加熱前一天泡水備用的小魚乾，以60℃的溫度熬煮1個小時。溫度達60℃後改以IH爐加熱。

2

1個小時後以廚房紙巾過濾，置於流動清水中冷卻。溫度下降至20℃後，置於冷藏室裡保存。

取另外一只鍋，將 1 和醬油（HIGETA 的本膳）、鰹節、鯖節、日本鯷魚乾、小遠東擬沙丁魚乾、昆布混合在一起，然後倒入中國壺底醬油、魚醬和魚露。添加魚醬的目的是增強鮮味和獨特味道。添加中國壺底醬油則是為了打造甜味。全部混合一起後靜置一晚，隔天再慢慢加熱至 60℃。冷卻後保存於室溫下（照片），過濾盛裝至專用食物罐中。

醬油醬汁

以 HIGETA 醬油公司的「本膳」為主軸，添加魚貝食材和中國壺底醬油，打造豐富的醬油味道。為了突顯香氣，靜置一晚充分入味後，隔天再慢慢加熱至 60℃。

材料

醬油（HIGETA 的本膳）10 ℓ、純米醋 650 mℓ、清酒 600 mℓ、味醂 600 mℓ、砂糖 600g、小遠東擬沙丁魚乾 350g、日本鯷魚乾 250g、鰹節 150g、鯖節 150g、昆布 100g、中國壺底醬油 1800 mℓ、魚露 50 mℓ、魚醬 50 mℓ

作法

將清酒、味醂、純米醋倒入鍋裡加熱，讓酒精蒸發，接著倒入溶解後的砂糖，靜置到冷卻。

窯烤叉燒肉

以窯烤方式處理事先醃漬好的豬五花肉，最大特色是充滿迷人的燻烤香氣。之所以選擇豬五花肉，是因為相較於豬梅花肉，燒烤後的油脂會變得比較少且容易食用。也因為這樣的緣故，不少上門的女客人都會選擇來一碗叉燒肉拉麵。

材料

豬五花肉、叉燒肉醬汁（HIGETA 本膳醬油、清酒、味醂、中國壺底醬油、砂糖）。叉燒肉醬汁的調配比例為醬油 2、酒精揮發的清酒 1、味醂 1、中國壺底醬油和砂糖少許。

作法

1

燒紅木炭後，將木炭放入窯烤爐中央，讓整個窯烤爐溫熱 5 分鐘左右後，將事先用叉燒肉醬汁醃漬 2 天的豬五花肉放入窯烤爐中燒烤。

鹽味醬汁

將昆布、小遠東擬沙丁魚乾、乾香菇蒂浸泡在水裡一晚，隔天加熱熬煮高湯。以 60℃的溫度熬煮 60 分鐘。接著混合鰹節、鯖節、宗田節熬取的高湯後，再倒入淡味醬油、白醬油、砂糖、清酒、蛤蜊高湯和鹽。加熱至冒泡沸騰就完成了。添加淡味醬油是為了補足味道的深度與香氣。

調味油

在融化成液體狀的豬油裡加入切細碎的大蒜、生薑、洋蔥，加熱煸出香氣後，再放入日本鯷魚乾、鰹節、鯖節，以不會燒焦的火候程度繼續加熱至出現香氣。共計加熱熬煮 1 個小時左右。

2

將豬肉放進窯烤爐之前，先除去周圍多餘的叉燒肉醬汁。為了讓大火先將油脂部位烤上色，吊掛豬肉時讓瘦肉部位朝向外側，油脂部位朝向內側。在窯烤叉燒肉期間，加熱叉燒肉醬汁，並於撈取浮渣後過濾至另外一只容器中。

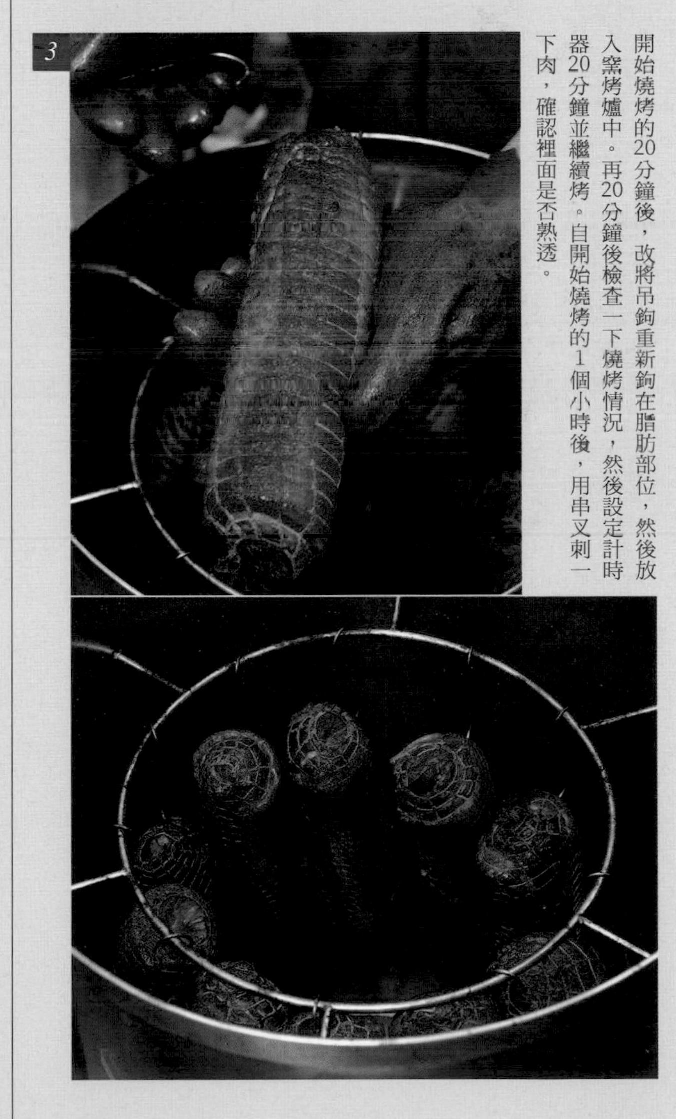

3

開始燒烤的20分鐘後，改將吊鉤重新鉤在脂肪部位，然後放入窯烤爐中。再20分鐘後檢查一下燒烤情況，然後設定計時器20分鐘並繼續烤。自開始燒烤的1個小時後，用串叉刺一下肉，確認裡面是否熟透。

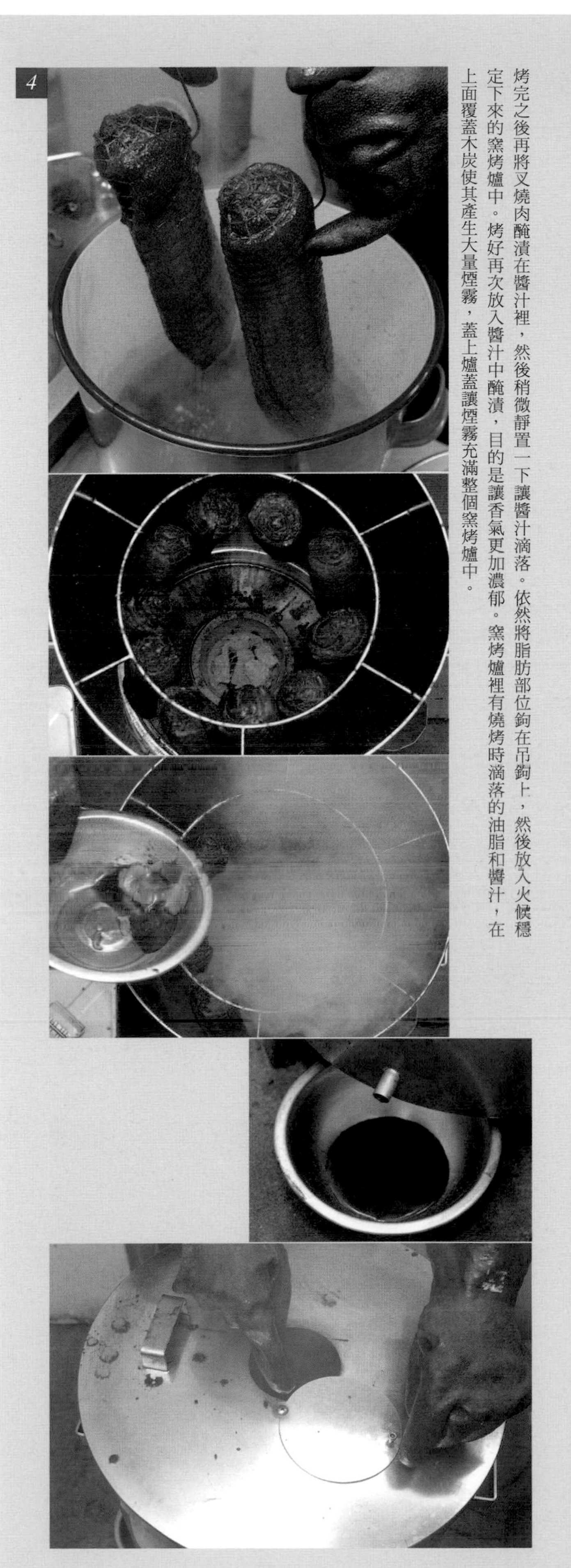

4

烤完之後再將叉燒肉醃漬在醬汁裡，然後稍微靜置一下讓醬汁滴落。依然將脂肪部位鉤在吊鉤上，然後放入火候穩定下來的窯烤爐中。烤好再次放入醬汁中醃漬，目的是讓香氣更加濃郁。窯烤爐裡有燒烤時滴落的油脂和醬汁，在上面覆蓋木炭使其產生大量煙霧，蓋上爐蓋讓煙霧充滿整個窯烤爐中。

溏心蛋

一次製作 100 個溏心蛋。不同於醬油醬汁和叉燒油醬汁使用「本膳」醬油，用來醃漬溏心蛋的是龜甲萬醬油。

材料

水煮蛋、水、鰹節、砂糖、醬油

作法

1

煮沸 7 ℓ的水，關火後放入 24g 鰹節並靜置 3 分鐘，然後倒入 490g 砂糖，拌勻溶解。接著倒入 1500g 醬油，待冷卻後再放入水煮蛋。覆蓋廚房紙巾並放入冷藏室醃漬 2 天以上。（照片為醃漬 2 天的狀態）

5

大約20～30分鐘，讓叉燒肉沾滿煙燻香氣。（照片為沾滿煙燻香氣的狀態）

6

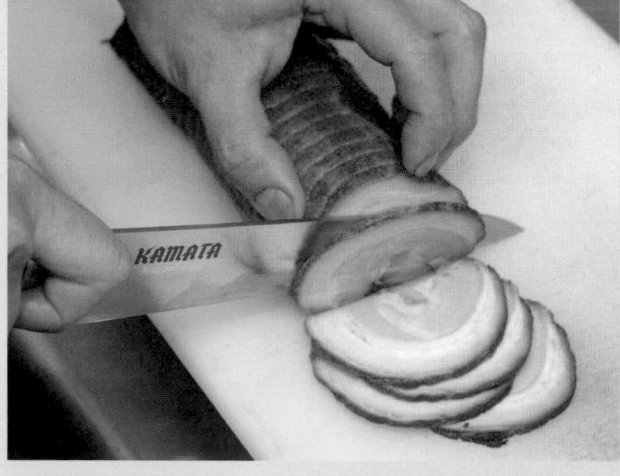

自窯烤爐中取出叉燒肉，再次醃漬於加熱且撈除浮渣的醬汁中 4 個小時左右，確實讓叉燒肉入味，也同時讓醬汁充滿煙燻香氣。過去以燉肉和烤箱處理叉燒肉，但後來因緣際會下改為外酥脆內軟嫩的窯烤叉燒肉，沒想到一變更烹調方式後，選擇叉燒肉拉麵的客人反而增加許多。

筍乾

每數天製作一次筍乾。以湯頭、醬油醬汁、中國壺底醬油等熬煮，最大特色是味道濃郁。另外再使用2種胡椒，增添具畫龍點睛效果的味道。

材料

筍乾（水煮）、水、芝麻油、湯頭、醬油醬汁、中國壺底醬油、黑胡椒粉、白胡椒粉、粗顆粒黑胡椒

作法

1

用水清洗5 kg水煮筍乾2次。放入湯桶鍋裡後，倒入幾乎完全蓋過食材的水，加熱1個小時以去除臭味。瀝乾後置於冷藏室裡保存，隔天再以芝麻油拌炒。

2

加熱筍乾後倒入1ℓ湯頭、240 mℓ醬油醬汁和150 mℓ中國壺底醬油熬煮。經常攪拌一下讓整體均勻受熱。

3

水分收乾之後，將各取一半分量的黑胡椒粉與白胡椒粉混合在一起，連同粗顆粒黑胡椒一起倒進去，袋裝粗顆粒黑胡椒，大概輕撒2次，而黑胡椒粉和白胡椒粉則各取2湯匙分量。為了讓客人搭配麵條一起食用，選擇切成細條狀的筍乾。

麵屋 龍

店老闆梨本龍二先生擁有多年在義式餐廳工作的經驗，並於 2020 年 12 月開了這家拉麵店。因新冠肺炎風暴的蔓延，全世界變得死氣沉沉，基於想讓大家品嚐自己親手製作的拉麵，藉此逐步提振精神，於是便獨立創業，開了這家拉麵店。以打造每天都想吃的味道為目標，主要分為「鹽味」和「醬油」2 種口味，並且配置細麵或手揉麵以增添口感。湯頭部分是使用全雞熬煮，充滿濃醇滋味的清湯。店家最受歡迎的配料是餛飩（150 日圓），每天手工製作，搭配雞腿絞肉的食材也會每天進行更換，而這也是深受客人喜愛的原因之一。2022 年 7 月浦安店開張（現『彩華龍』），同步也開始使用自家製作的麵條。

■東京都足立区西新井 4-27-14 英マンション 103 ■規模 /9.8 坪・14 個座位 ■店老闆 梨本龍二

蒼龍拉麵（鹽味） 900 日圓

鹽味拉麵搭配手揉麵的組合，相當受到客人喜愛的一道餐點。湯頭的主要食材為全雞，再搭配雞骨架和豬背骨熬煮成清湯。使用沖繩・秋田・石川的海鹽、湖鹽、岩鹽等 7 種鹽，以及鰹節・鯖節・小魚乾・昆布高湯，再加上味醂和日本清酒調製成鹽味醬汁。配置手揉麵條，加水率 49%，並以 10 號切麵刀切條成寬麵。配料則包含低溫烹調的叉燒肉（豬梅花肉 1 片、豬里肌肉 1/2 片、雞胸肉 1 片），以及白蔥。將蔥芯部分切成蔥花，外側部分切成蔥絲以增添不同口感。

完成蒼龍拉麵（鹽味）

1

手揉寬麵。將麵條握成球狀，用身體重量加壓。稍微撥開麵條後再次握成球狀並加壓。重複撥開麵條，握成球狀並加壓的動作，接著放入煮麵機中。

2

麵碗裡倒入鹽味醬汁和雞油。以7種鹽和高湯混合調製成鹽味醬汁。雞油則是將京紅土雞和丹波蛋雞的雞油混合一起調製而成。

3

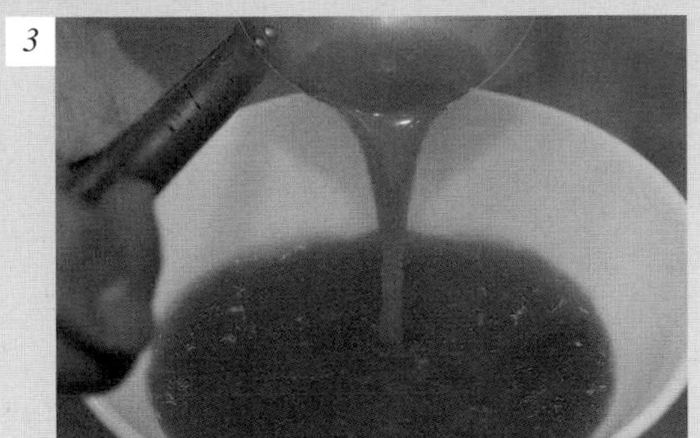

接著注入加熱的湯頭。湯頭為使用全雞搭配雞骨架和豬背骨熬煮而成的清湯。

4

放入煮熟的手揉麵條。1人份150g，煮麵時間為1分20秒～30秒。大約1分10秒的時候，確認一下麵條的軟硬度。

5

調整麵條形狀後，在上面擺放白蔥芯的蔥花、1片雞胸肉叉燒、1片豬梅花肉叉燒、1/2片豬里肌肉叉燒、筍乾、白髮蔥絲，最後再以鴨兒芹作為裝飾。筍乾先加熱備用。

特製臥龍拉麵(醬油) 1400日圓

醬油拉麵使用的湯頭和鹽味拉麵一樣。配置使用22號切麵刀切條的直細麵。使用2種生抽醬油和2種再釀造醬油，以及鰹節、昆布，小魚乾的高湯，再搭配生薑調製成醬油醬汁。「特製」拉麵裡有半熟蛋、2個餛飩、1片豬里肌肉叉燒、2片豬梅花肉叉燒和1片雞胸肉叉燒等配料。餛飩是深受客人喜愛的配料之一，每天手工製作，以雞腿絞肉搭配每天更換的食材製作而成。拍攝取材當天的餛飩是雞腿絞肉和油菜的組合。

完成特製臥龍拉麵（醬油）

1

烹煮餛飩。相對於煮細麵的時間只需要50秒，由於餛飩內餡較多，大概需要3分鐘才能煮熟。所以只要有客人點餐「特製」拉麵，通常都會先從煮餛飩開始作業。

2

麵碗裡倒入醬油醬汁、雞油、豬油。熬煮豬背脂和大蒜製作成豬油。

3

注入加熱的湯頭混合在一起。

4

接著放入煮熟的麵條，並且調整一下形狀。

5

盛裝煮熟的餛飩、洋蔥細粒、水煮小松菜、筍乾、叉燒肉、半熟蛋、白髮蔥絲等配料。2片豬梅花肉叉燒中包含油花多和油花少的各1片。半熟蛋於加熱後放涼備用。

寬麵（手揉麵專用）

配置手揉寬麵，製作時稍微多加一點水，加水率為 48 ～ 49%。基於有些人對蛋過敏，所以不添加蛋或蛋白粉。碾壓成粗麵帶後，進行 6 次複合作業。切條的同時也進行複合作業，目的是製作有厚度且具咬勁的寬麵。店家使用品川麵機的製麵機，之所以選擇這台機器，是因為既方便操作也容易指導員工使用。

材料

中華麵專用麵粉（龍車）、中華麵專用麵粉（㊕飛龍）、蒙古王鹼水、鹽、π 水（經 π 水淨化器處理過的水）

作法

1

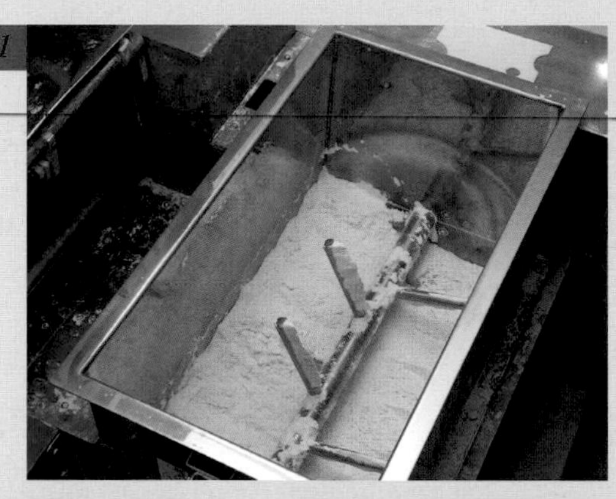

將 2 種小麥麵粉混合在一起，以攪拌機攪拌 5 分鐘。

2

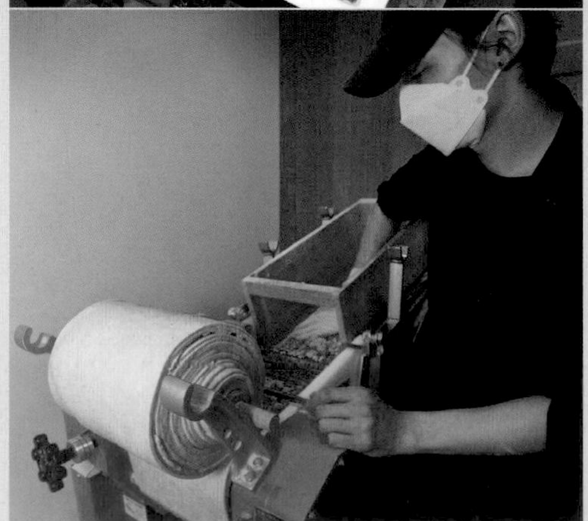

倒入鹼水溶液，再攪拌 5 分鐘後停止，刮下沾黏在攪拌葉上的麵糊，再次攪拌 5 分鐘後，進行碾壓成粗麵帶的作業。

3

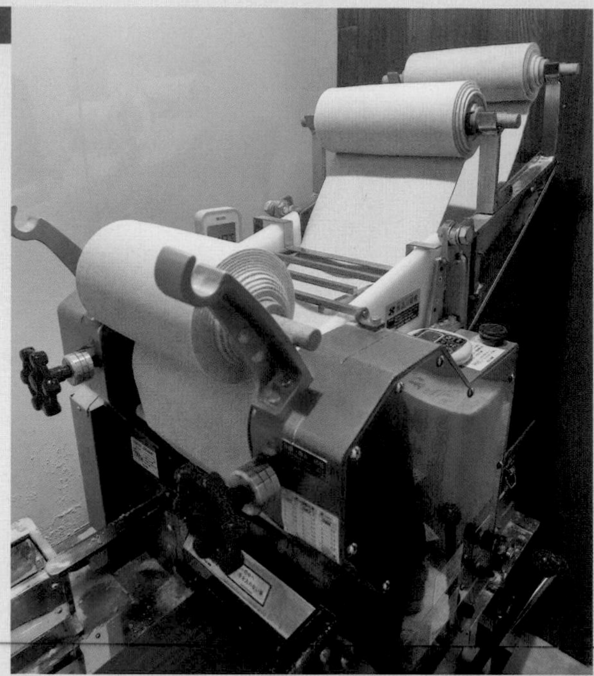

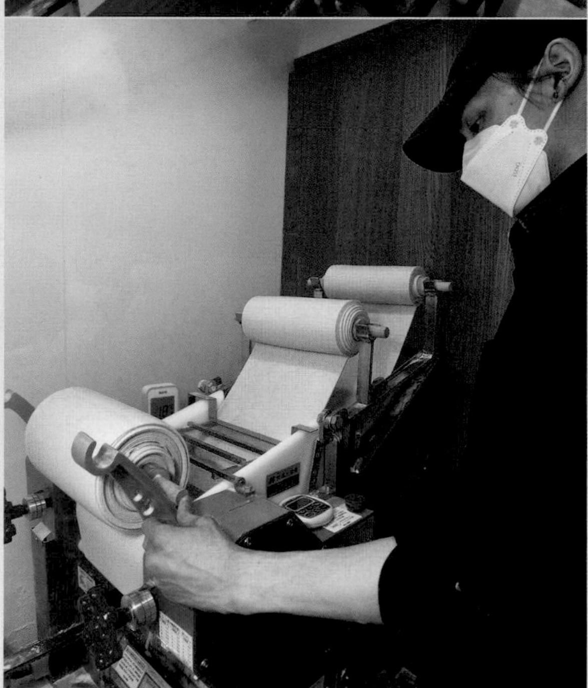

將粗麵帶分成 2 半後進行複合作業。碾壓成粗麵帶後，進行 6 次複合作業。

6 次複合作業結束後，用塑膠袋將麵帶包起來，靜置醒麵 15 分鐘。

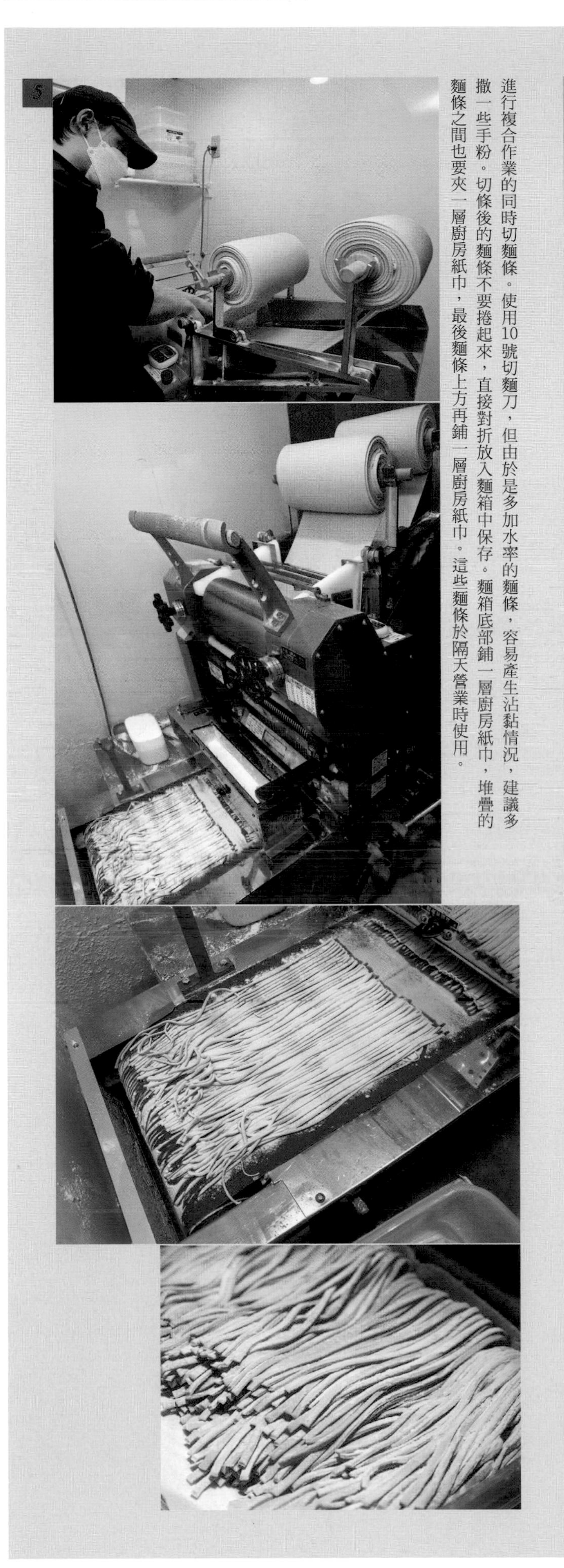

進行複合作業的同時切麵條。使用10號切麵刀，但由於是多加水率的麵條，容易產生沾黏情況，建議多撒一些手粉。切條後的麵條不要捲起來，直接對折放入麵箱中保存。麵箱底部鋪一層廚房紙巾，堆疊的麵條之間也要夾一層廚房紙巾，最後麵條上方再鋪一層廚房紙巾。這些麵條於隔天營業時使用。

3

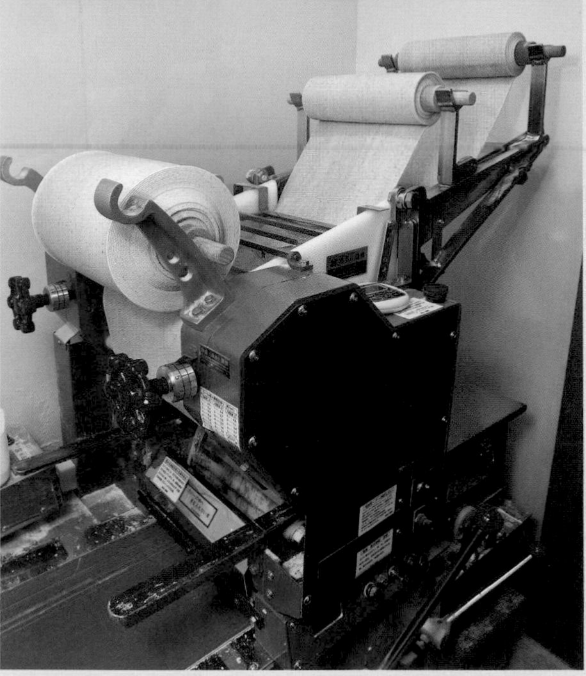

將粗麵帶分成 2 半後進行複合作業。碾壓成粗麵帶後，進行 5 次複合作業。

細麵

使用混合北海道產的「春戀」和「北之穗波」的高筋麵粉、九州產的高筋麵粉和高筋麵粉南之香的石臼研磨全麥麵粉，打造具有嚼勁、滑順且充滿小麥香氣的細麵。使用 22 號切麵刀切條。加水率 36%，略低，搭配 6%全麥麵粉，所以冬季天氣乾燥時，麵條容易斷裂。而這也是即便製麵室只有 1 坪大小，仍舊需要加裝空調與加濕器等設備的原因，在室溫 18 ～ 25℃且濕度 60%以上的環境中製作麵條。

材料

高筋麵粉（春がキタぞぅ（春天來了））、高筋麵粉（南のめぐみ（南之惠））、石臼研磨全麥麵粉（WJ-15）、蒙古王鹼水、鹽、π 水（經 π 水淨化器處理過的水）

作法

1

將 2 種小麥麵粉和全麥麵粉混合在一起，以攪拌機攪拌 5 分鐘。

2

倒入鹼水溶液，再攪拌 5 分鐘後停止，刮下沾黏在攪拌葉上的麵糊，再次攪拌 5 分鐘後，進行碾壓成粗麵帶的作業。

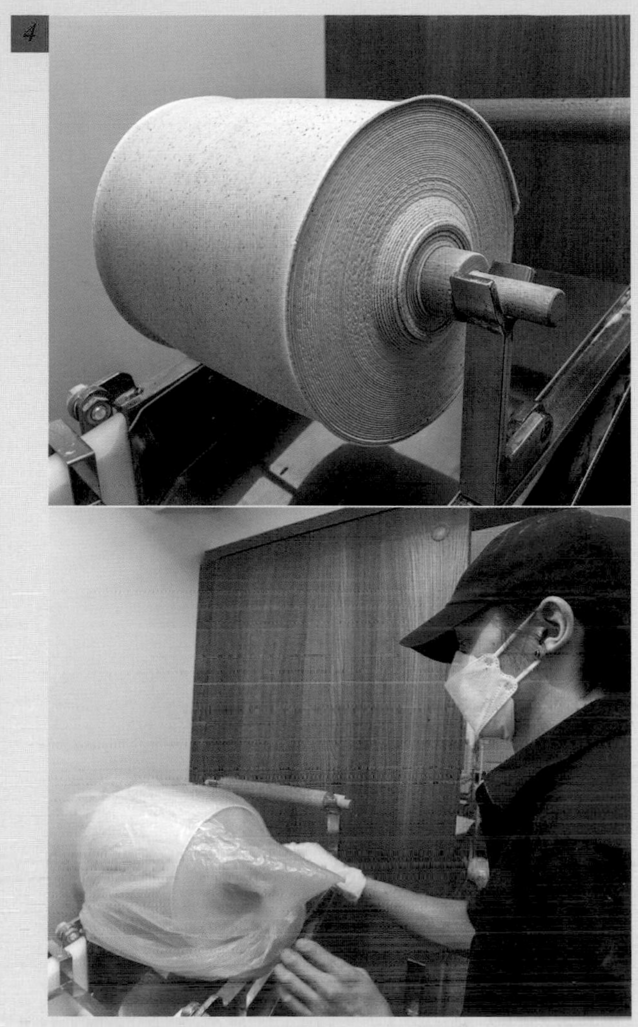

5次複合作業結束後，用塑膠袋將麵帶包起來，靜置醒麵15分鐘。

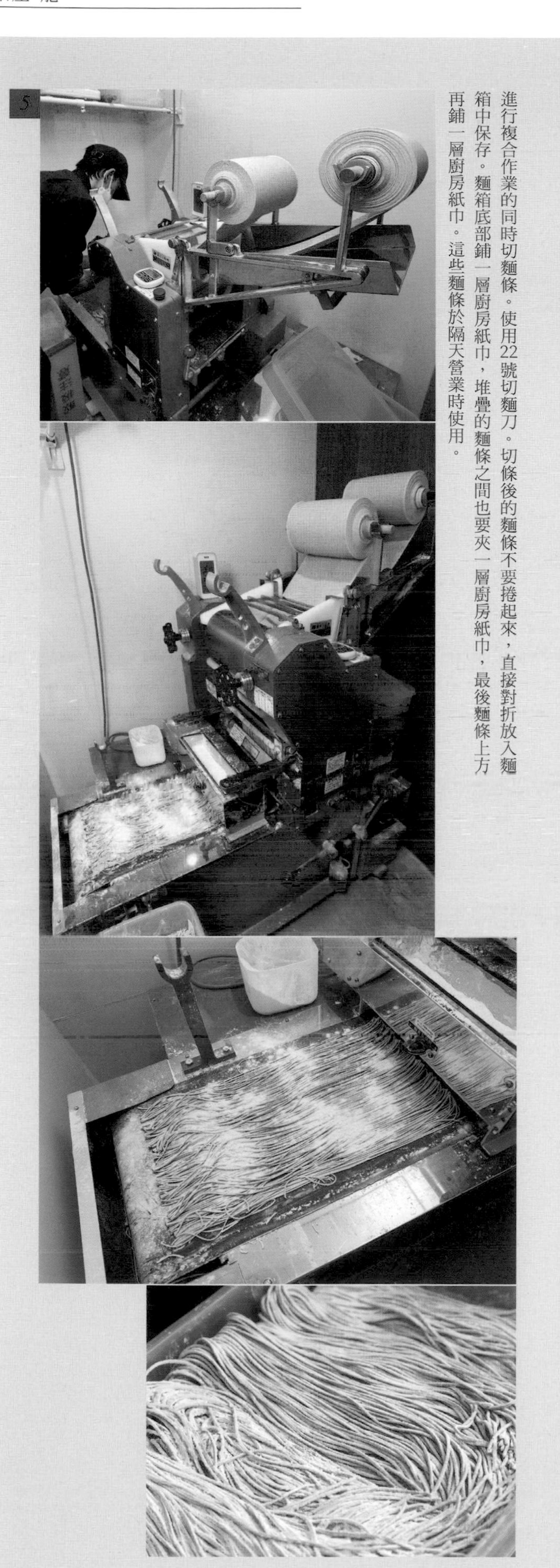

進行複合作業的同時切麵條。使用22號切麵刀。切條後的麵條不要捲起來，直接對折放入麵箱中保存。麵箱底部鋪一層廚房紙巾，堆疊的麵條之間也要夾一層廚房紙巾，最後麵條上方再鋪一層廚房紙巾。這些麵條於隔天營業時使用。

豬里肌肉叉燒

同樣將豬里肌肉淹漬在醬汁裡並低溫烹調。烹調後再以瓦斯噴火槍炙燒油脂部位，增加酥脆口感。「特製」拉麵裡附上 1 片豬里肌肉叉燒，一般拉麵則附上 1/2 片豬里肌肉叉燒。

湯頭

只使用全雞、雞骨架和豬背脂熬煮湯頭。維持 92℃左右的溫度熬煮 9 個半小時，為了避免雞肉散開，熬煮過程中勿攪拌。為了打造雞鮮味濃醇的清湯，完全不添加蔥、生薑、大蒜等調味蔬菜。以網格細小的錐形篩過濾 3 次，並且靜置冷藏 2 天後再使用。營業時段內於客人點餐後，再以小鍋取所需分量加熱使用。

豬梅花肉叉燒

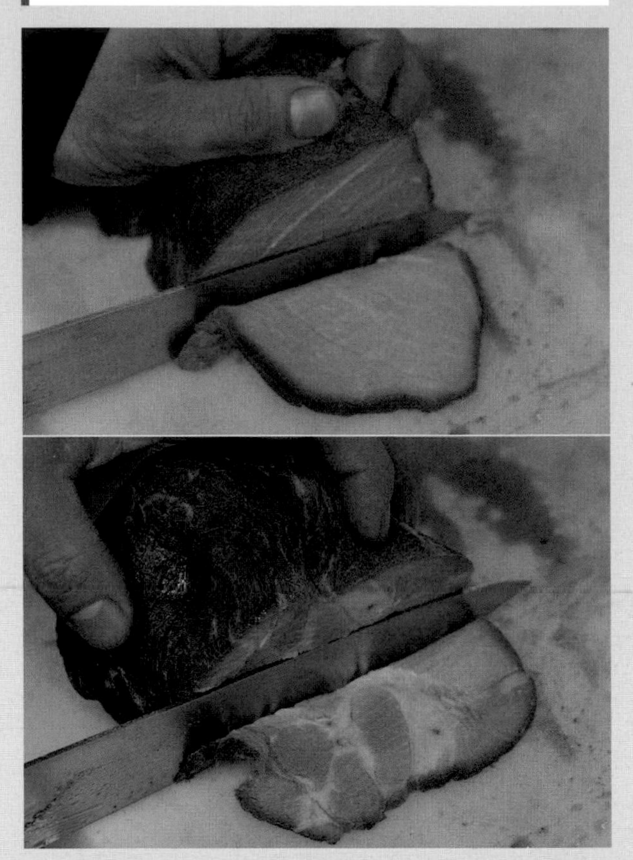

切下油脂較厚的部位，淹漬在醬汁裡，真空包裝後低溫烹調。分別切下有油脂和沒有油脂的部分，然後分別低溫烹調。「特製」拉麵附上 2 片叉燒肉，有油脂和沒有油脂的各 1 片。而一般拉麵的話，則隨機擺上 1 片叉燒肉。切下來的油脂和叉燒肉醬汁混合在一起。

半熟蛋

1 顆 150 日圓。使用蛋黃呈鮮豔橘色且味道濃郁的「Maximum Koitamago」。水煮 6 分鐘後淹漬於醬汁中。以叉燒肉醬汁和小魚乾高湯調製成淹漬醬汁。盛裝之前先加熱備用。由於是半熟蛋，蛋黃還處於濕潤濃稠狀態，若於吃麵過程中剖開，蛋黃容易造成湯頭變混濁，因此據說有不少熟客會將半熟蛋留到最後才享用，品嚐完整的半熟蛋美味。

自家製麺 ほんま

自家製麵ほんま開幕於 2019 年 5 月 22 日。基於給客人「愉快享受外食」的想法，精心打造舒適又能讓人放輕鬆的用餐環境。這裡曾經是一間蕎麥麵店，店老闆用心全面整修裝潢。店裡只有吧台座位，吧台以明亮的檜木色為基底，座位寬敞且座椅都有堅固舒適的椅背。常規菜單包含鹽味拉麵和醬油拉麵，無添加任何增味劑，活用多種食材的特色打造鮮美味道，另外搭配自家製作的麵條。除此之外，使用九十九里產大蛤蜊的季節性拉麵和數量限定拉麵也深受客人好評，來客數穩定成長中。

■東京都文京区本駒込 5-58-7 大和屋ビル 1 階 ■規模 /18.6 坪・10 個座位 ■店老闆 本間栄吉

特製鹽味拉麵 1130日圓

「鹽味拉麵」是店家的招牌餐點。在雞白湯和蔬菜湯混合一起的湯頭裡放入風味油的雞油、雞肉丸、水菜、白髮蔥絲。「特製」拉麵裡還有豬五花肉叉燒和溏心蛋。使用天日鹽、玫瑰岩鹽等 6 種鹽，添加味醂、乾蝦、乾干貝、昆布高湯、蘋果醋調製成鹽味醬汁，不使用增味劑和酵母萃取物，是一道能夠品嚐食材真正鮮味的拉麵。

完成特製鹽味拉麵

1

鍋裡倒入蔬菜湯和雞白湯一起加熱。蔬菜湯和雞白湯的比例為１：４。這時候將雞肉丸也一起放進去加熱。

2

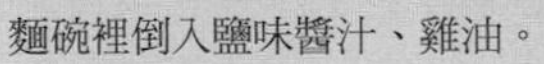

麵碗裡倒入鹽味醬汁、雞油。

3

將熱湯注入麵碗裡。這時候先不要將雞肉丸也一起倒進碗裡。

4

放入煮熟的麵條（22號方形切麵刀切條成中細直麵）。１人份１４０g，煮麵時間為１分30秒。

5

盛裝雞肉丸、小蕃茄、水菜、溏心蛋、三元豬叉燒肉，以瓦斯噴火槍炙燒油花部位。最後擺上白髮蔥絲。

醬油拉麵 820日圓

使用魚貝湯頭和雞白湯混合一起的湯頭。以無添加醬油和壺底醬油等10種醬油、少許叉燒肉醬汁，以及乾蝦、乾干貝、昆布、蛤蜊高湯、醋等調製成鮮味豐富的醬油醬汁。用來熬煮魚貝湯頭的真昆布，則於調味後作為配料使用。另外，和「鹽味拉麵」一樣，盛裝雞肉丸、白髮蔥、水菜作為配料。

完成醬油拉麵

1

鍋裡倒入魚貝湯頭和雞白湯，混合一起後加熱。魚貝湯頭和雞白湯的比例為6：5：1。這時候將雞肉丸也一起放進去加熱。

2

麵碗裡倒入醬油醬汁、雞油。

3

將熱湯注入麵碗裡。這時候先不要將雞肉丸也一起倒進碗裡。

4

放入煮熟的麵條（22 號方形切麵刀切條成中細直麵）。1 人份 140g，煮麵時間為 1 分 30 秒。

5

盛裝雞肉丸、調味昆布、水菜、白髮蔥絲等配料。

充滿牛肝菌香氣的 4 菇拉麵（鹽味） 1100日圓

這是 11 月～ 2 月底供應的季節性拉麵。在魚貝湯頭和雞白湯混合一起的湯裡添加鹽味醬汁。作為配料的菇類包含乾牛肝菌、棕色蘑菇、杏鮑菇和鴻喜菇。為了增添口感，普遍會切得大塊些，也會稍微以油拌炒，作為配料的同時，也兼具風味油的功用。另外還有使用蔬菜湯和雞白湯調製而成的湯頭所製作的「充滿牛肝菌香氣的 4 菇濃湯拉麵」（1250 日幣）。

完成充滿牛肝菌香氣的4菇拉麵（鹽味）

1

鍋裡倒入魚貝湯頭和雞白湯，混合一起後加熱。魚貝湯頭和雞白湯的比例為6・5：1。這時候將雞肉丸也一起放進去加熱。

2

麵碗裡倒入鹽味醬汁、炒菇。4種油煸的菇類也具有風味油的功用。

3

將熱湯注入麵碗裡。這時候先不要將雞肉丸也一起倒進碗裡。

4

放入煮熟的麵條（22號方形切麵刀切條成中細直麵）。1人份140g，煮麵時間為1分30秒。

5

盛裝雞肉丸、調味昆布、水菜、白髮蔥絲、3片棕色蘑菇薄切片（生）等配料。

『自家製麺ほんま』的雞白湯

「醬油拉麵」、「鹽味拉麵」、「4 菇拉麵」湯頭的基底都是雞白湯。使用大山雞的雞骨架、全雞和少許蔥綠熬煮而成。使用細網格篩網，小心除去浮渣，讓雞白湯呈光滑柔順的奶油色。

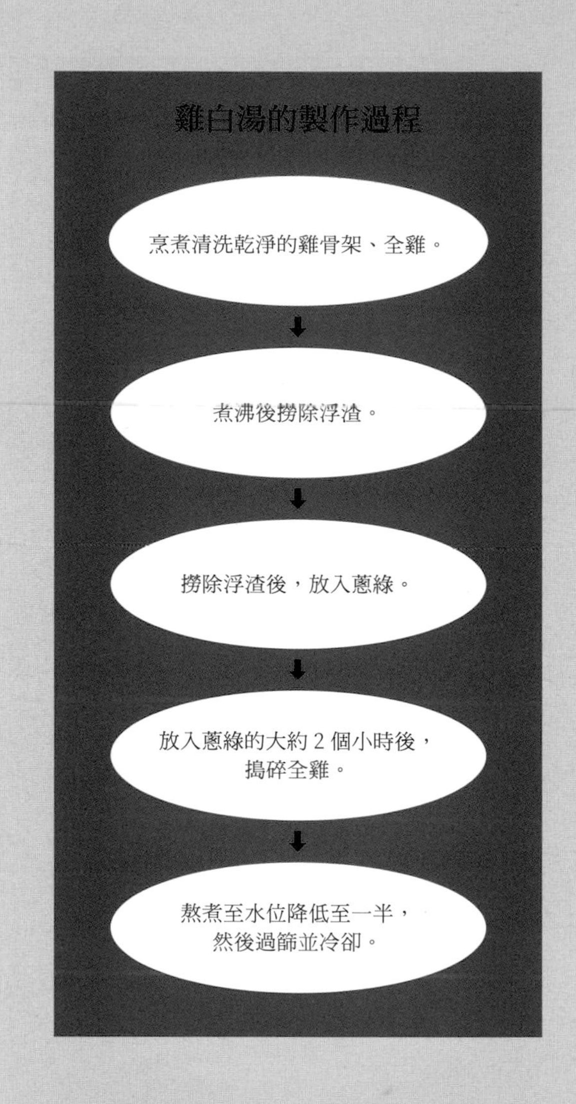

材料

雞脖子（大山雞）、雞骨架（大山雞）、全雞、熬煮雞脂肪剩餘的殘渣、蔥綠、軟水機過濾水

作法

1

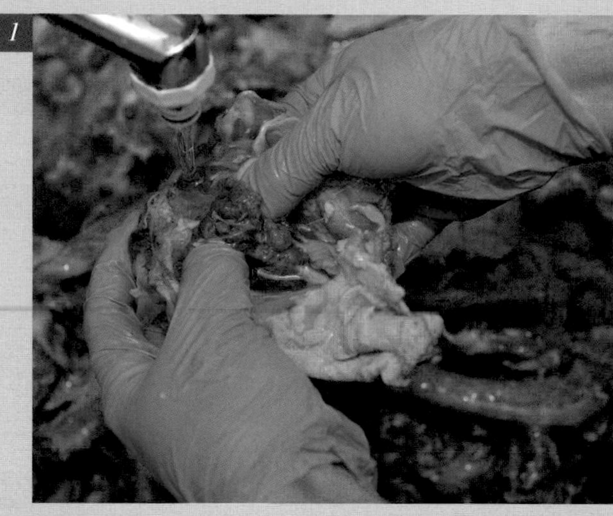

邊用流動清水沖洗乾淨，邊將沾附在雞骨架上的肺等內臟摘除。將全雞的內部清洗乾淨。

2

將雞脖子、雞骨架、全雞放入裝好水的湯桶鍋裡加熱。雞骨架和全雞的使用量比例為3：2。

3

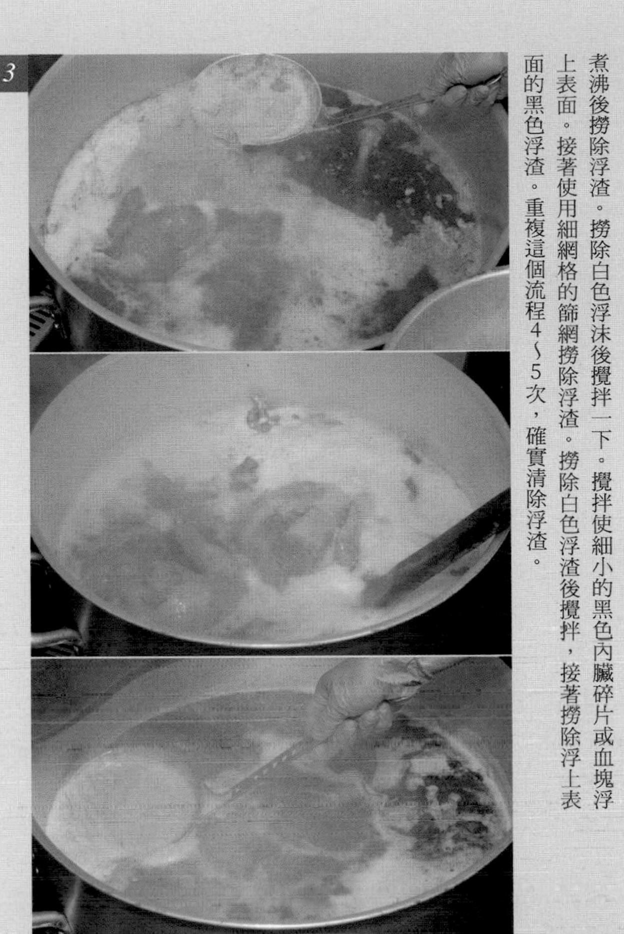

煮沸後撈除浮渣。撈除白色浮沫後攪拌一下。攪拌使細小的黑色內臟碎片或血塊浮上表面。接著使用細網格的篩網撈除浮渣。撈除白色浮渣後攪拌，接著撈除浮上表面的黑色浮渣。重複這個流程4～5次，確實清除浮渣。

4

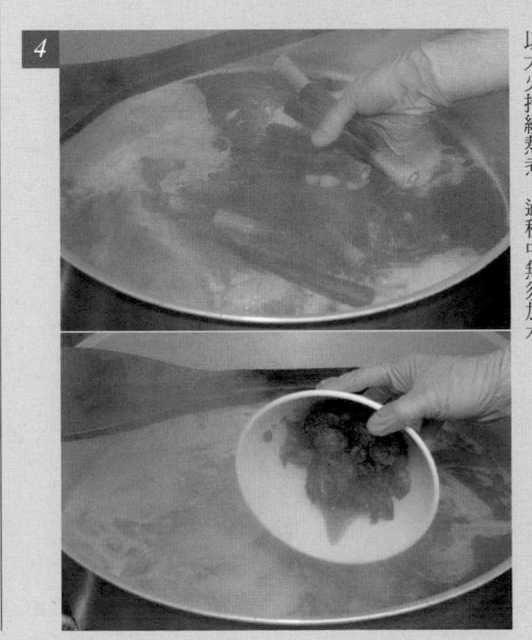

浮渣清除乾淨後，放入蔥綠、熬煮雞脂肪後的殘渣。店家使用優質食材且細心熬煮湯頭，所以不會產生臭味，也不需要事前的除臭處理。另外，湯頭裡不添加大蒜、生薑，無論大人小孩都能輕鬆享用。以大火持續熬煮，過程中無須加水。

5

放入蔥綠後熬煮2個小時左右，全雞變軟爛後，以木鏟輕壓搗碎。再次撈除浮上表面的浮渣。

6

熬煮至水位剩下最初的一半，大約40ℓ。

7

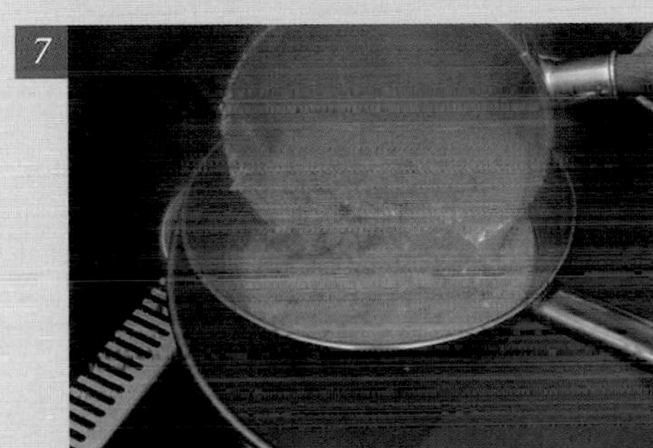

大概熬煮7個半小時，水量剩下一半後，使用細網格錐形篩過濾。以錐形篩用力按壓鍋底，萃取精華。

8

過濾後將湯桶鍋浸泡在冰水裡急速冷卻。

蔬菜湯

「鹽味拉麵」的湯頭由雞白湯和蔬菜湯混合調製而成。開店之初使用男爵馬鈴薯熬煮蔬菜湯，但混合雞白湯後，整體顏色稍微變黃且帶有甜味，因此後來改用印加的覺醒（インカのめざめ）馬鈴薯。這屬於越冬品種，帶有天然甜味，一次性全部處理後，放入冷藏庫裡保存。

材料

馬鈴薯（印加的覺醒）、洋蔥（淡路產）、
鮮奶油（乳脂含量 47%）、水

作法

1

將馬鈴薯和洋蔥切成容易熟透的大小，放入冷水中加熱烹煮。馬鈴薯和洋蔥的用量差不多相同。

2

煮熟後靜置冷卻。

3

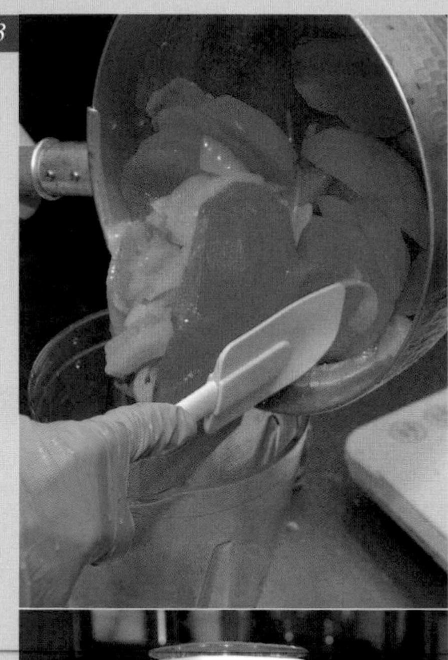

補足蒸發的水分，連同煮汁一起倒入攪拌機，接著倒入鮮奶油混合一起並攪拌至整體滑順。鮮奶油是用於增添濃郁感。攪拌完成後移至容器中，冷藏保存。

將鯖節、脂眼鯡節放入過濾後的湯汁裡，以小火～中火熬煮５分鐘。

５分鐘後加入薄切鰹魚柴魚片，繼續熬煮３分鐘，過程中不攪拌。

快沸騰前關火並過濾。過濾時不要用篩網按壓，也不要擠擠食材，直接倒入篩網裡過濾就好。過濾後將湯桶鍋置於冷水中冷卻。

魚貝湯頭

將魚貝湯頭和雞白湯混合在一起，作為「醬油拉麵」、「４菇拉麵」的湯頭使用。

材料

日本鯷魚乾、飛魚魚乾、熬製高湯的昆布（北海道產真昆布）、鯖節、脂眼鯡節、薄切鰹魚柴魚片、軟水機過濾水

作法

將日本鯷魚乾、飛魚魚乾、熬製高湯的昆布事先浸泡在水裡一晚。

隔天早上加熱，煮沸前取出昆布，昆布再次活用於醬油拉麵的配料。取出昆布後，將湯汁過濾至另外一只湯桶鍋裡。

三元豬五花肉叉燒

三元豬五花肉叉燒用於「特製」拉麵和叉燒肉丼。最初使用四元豬五花肉，但因為取得不易，後來改使用三元豬。

材料

總州三元豬白王五花肉、蔥綠、
醬油醬汁（樽漬無添加醬油、壺底醬油等 10 種醬油和蔗砂糖）

作法

1

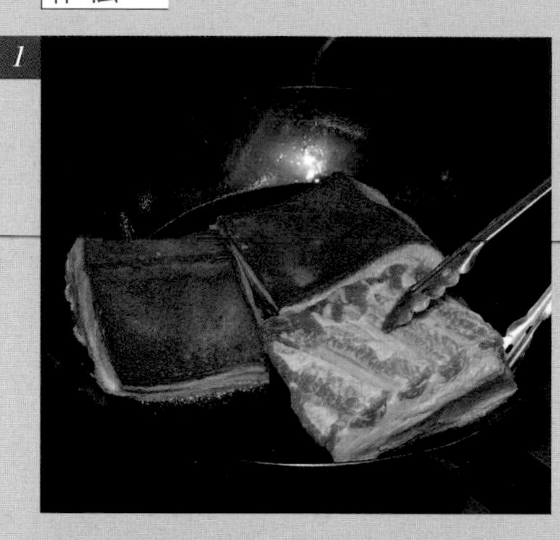

將豬五花肉切成15㎝塊狀，放入平底鍋裡乾煎，從帶油脂的部位開始煎。煎至表面上色。

2

煎至表面上色後，放入鋪有蔥綠的湯桶鍋裡，注入幾乎蓋過食材的水並慢慢熬煮。蔥綠的用途是避免五花肉直接接觸鍋底。

3

五花肉熟了之後，準備另外一只湯桶鍋，倒入熬煮豬肉的湯汁和醬油醬汁，然後加熱至沸騰。放入豬五花肉淹漬6～7個小時。過濾醬汁，部分作為老滷汁使用。這些醬汁還可以活用於滷溏心蛋、拉麵用的醬油口味配料等。

4

淹漬後取出並以保鮮膜包覆後冷藏。用切片機切成薄片，盛裝至麵碗裡時，再以瓦斯噴火槍稍微炙燒一下帶油花的那一面。

雞肉丸

為了強調拉麵個性，「醬油拉麵」、「鹽味拉麵」不搭配叉燒肉，而是以雞肉丸作為配料。「特製」拉麵才擺放豬五花肉叉燒。只用鹽麴調味雞肉丸，簡單調味比較不會影響拉麵湯頭味道。

材料

雞絞肉（雞軟骨和大山雞的雞胸肉、雞腿肉）、
太白粉、鹽麴、白蔥

作法

1

將雞絞肉、太白粉、鹽麴充分混合在一起。

2

混拌後置於冷藏室1晚，讓整體雞肉入味。

3

將白蔥切成蔥花，蔥花和雞絞肉混合一起後揉成圓球，然後放入水中煮熟。

4

客人點餐後，以小鍋加熱湯頭的同時順便加熱雞肉丸，最後盛裝於麵碗裡。

3 碾壓製作成粗麵帶。

4 進行2次複合作業。不在麵帶狀態下進行醒麵作業。

5 撒上手粉，進行壓延作業。

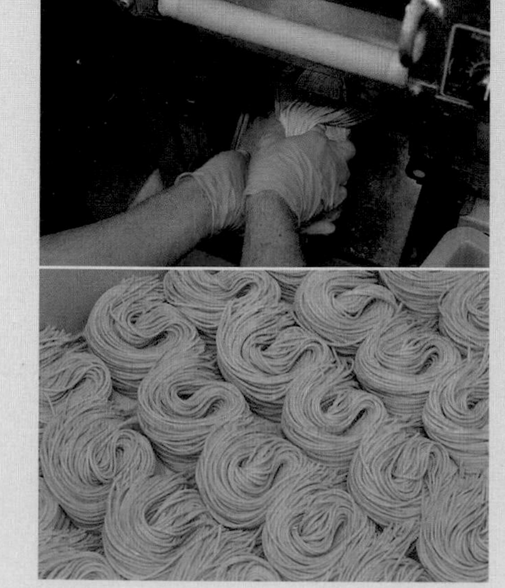

6 邊壓延邊切條。使用22號方形切麵刀，1人份140g，煮麵時間為1分30秒左右。過去煮麵時間為1分40秒，但客人比較喜歡具有切齒感的麵條，因此改為目前的1分30秒。

中細直麵

「醬油拉麵」、「鹽味拉麵」配置中細直麵。以「春之戀」小麥麵粉製作麵條，可以充分品嚐小麥的甜味。添加焙煎麥芽，提高麵條的香氣。為了穩定麵條內的水分，製作成麵條後先保存於地下室１天後再使用。

材料

春之戀麵粉、焙煎麥芽、乾燥蛋白粉、赤鹼水、鹽（法國岩鹽）、水

作法

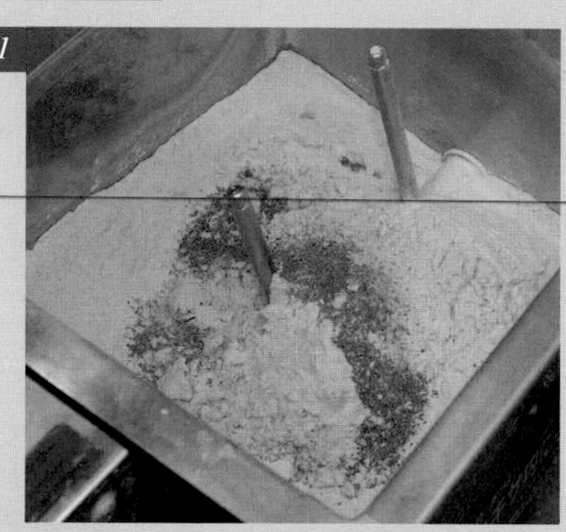

1 只將麵粉放入攪拌機中，攪拌2分鐘。由於乾燥蛋白粉的價格持續上漲，所以目前考慮改用蛋白。使用大和製作所的製麵機。

2 倒入鹼水溶液混合在一起，攪拌10分鐘。加水率約31～33％。

雞油

以雞油作為「醬油拉麵」和「鹽味拉麵」的風味油。使用湯桶鍋熬煮雞白湯時，不要將雞脂肪一起放進去，另外取平底鍋熬煮，雞油風味會更加濃醇且有質感。

材料

雞脂肪（日本產）

作法

1 將雞脂肪放入平底鍋，以小火慢慢熬煮。剩下的酥脆油渣則放入熬煮雞白湯的湯桶鍋裡一起煮。

昆布配料

以調味昆布作為「醬油拉麵」的配料。使用真昆布熬煮魚貝湯頭用的昆布高湯，由於昆布本身還留有味道和咬感，所以進一步加以調味，並且取代筍乾作為拉麵配料。

材料

真昆布（熬煮魚貝湯頭用的昆布高湯）、
魚貝湯頭、醬油醬汁（拉麵用）

作法

1 完成魚貝湯頭後，取出昆布並切成細長條。

2 以魚貝湯頭和拉麵用的醬油醬汁調味，加熱至沸騰。靜置冷卻讓昆布入味，然後作為拉麵配料使用。

4菇配料

4菇配料是要擺在每年11月到隔年2月推出的季節限定餐點「充滿牛肝菌香氣的4菇拉麵」上。為了讓客人充分享受口感，特別注重切法，另外也製作成風味油，兼具香氣與配料的功用。

材料

棕色蘑菇、杏鮑菇、鴻喜菇和乾牛肝菌、
水、芥花籽油

作法

1

將乾牛肝菌事先浸泡在水裡備用。

2

為了保留口感，細切棕色蘑菇、杏鮑菇、鴻喜菇時稍微留意大小。

3

用手撈掉浸泡在水中的牛肝菌表面的細沙。由於細沙會沉入底部，所以只使用上半層不帶沙的浸泡水。平底鍋裡倒入芥花籽油加熱，接著放入切碎的棕色蘑菇、杏鮑菇、鴻喜菇，以及泡水還原的牛肝菌和上層乾淨的浸泡水一起拌炒。

4

拌炒至水分收乾就完成了。不添加鹽、胡椒等調味料。

關於「切片機」

過去切片機主要用於切割生火腿或義大利香腸等加工肉品，但切片機的用途其實比想像中更為廣泛。賣生肉的地方、提供火鍋・叉燒肉餐點的日式餐廳、拉麵店等多種餐飲店也都會使用切片機，而烤肉店更是從很久以前就經常使用切片機來處理冷凍牛舌和五花肉。

切片機最大的優點在於操作簡單，即便是兼職人員，也能切割得工整又厚薄一致。不需要高操技術，也不需要刻意聘請高薪的資深廚房人員。

有著重於性能方面的切片機，像是對肉片的厚薄有特別需求，從1mm以下的超薄肉片到1cm厚的牛排肉片，都可以自由調整。配合肉品的種類和部位特性，以毫米為單位，自由切割所需厚薄的肉片。

另外，也有著重多用途功能的切片機。可以用來切高麗菜、洋蔥等蔬菜，以及鮑魚等非肉品食材。使用得當的話，可以用來處理各式各樣的食材。

不僅如此，還有各種機器規格可以選擇。像是不會佔用廚房空間的小型切片機，推薦給小規模餐飲店使用。機器本身的零件不多，清洗和保養相對輕鬆許多。當刀片不夠銳利時，也只需要按一下按鈕，即可簡單又安全地研磨刀片。刀片使用年限長也是一大優點。每天研磨且長年使用，依舊能夠維持一定水準的鋒利度。

田崎製作所股份有限公司生產的「ABM切片機」小巧玲瓏，可以直接擺在桌上使用，而且性能也非常好。義式風格的設計，擺在開放式廚房裡也極為美觀又不突兀。

機身為鋁製材質，不僅容易清洗，整體也看起來乾淨衛生。以特殊不鏽鋼材質打造圓形刀片，既銳利又可以長時間使用。即便是女性，也能輕鬆研磨刀片。

除此之外，田崎製作所還有各種類型的切片機，店家可以依自身需求挑選最適合的機型。「J-250」重量17kg，最大切片厚度為13mm；「AGS300S」重量29kg，最大切片厚度為13mm；「AC300S」重量29kg，最大切片厚度為13mm。

田崎製作所也提供快速且全方位的保養維修服務。

J-250

AGS300S

AC300S

■諮詢

田崎製作所股份有限公司
〒116-0012
東京都荒川区東尾久2-48-10
☎03（3895）4301
FAX03（3895）4304
http://www.tazaki.co.jp/

ラーメン いいかお

使用高品質天然釀造醬油，打造不添加化學調味料的美味拉麵。最受客人青睞的餐點是綜合數種醬油的「天然釀造醬油拉麵」，以及以小魚乾為主角的魚貝類湯頭「白醬油拉麵」。平日的主要客源是當地居民，但每到假日也會有來自各地的拉麵愛好者捧場。

■東京都豊島区巣鴨 4-35-2 岩下ビル 1 階■規模／不到 2 坪・4 個座位
■店老闆 早川文雄

天然釀造醬油拉麵（加肉）1000日圓

店家自製使用愛媛縣生產的「異」、栃木縣生產的「井上古式醬油（井上古式じょうゆ）」、和歌山縣生產的「滴醬（溜り醬）」等混合而成的醬油醬汁，活用醬油原有的風味，最受客人喜愛的拉麵。充滿濃潤小魚乾香氣的湯頭，是使用魚貝類湯頭（混合數種小魚乾和鯖節等）搭配動物類湯頭（熬煮豬前腿骨和雞骨架等 8 個小時），以 1：2 的比例調製而成，不僅香氣濃郁，味道也十分具有深度。近年來還多添加全雞一起熬煮，比起剛開幕時，鮮味相對濃郁許多。另外，配合掛湯力佳的三河屋製麵扁細麵。

完成天然釀造醬油拉麵（加肉）

1

將動物類湯頭和魚貝類湯頭以2：1的比例倒入小鍋裡加熱。

2

麵碗裡倒入天然釀造醬油醬汁、雞油、蔥花，然後注入加熱後的湯頭。

3

放入煮熟的麵條。使用三河屋製麵製作的扁細麵，1人份140g（大碗210g）。煮麵時間為1分5秒左右。過去使用細直麵，但後來改用掛湯力更好的扁細麵。

4

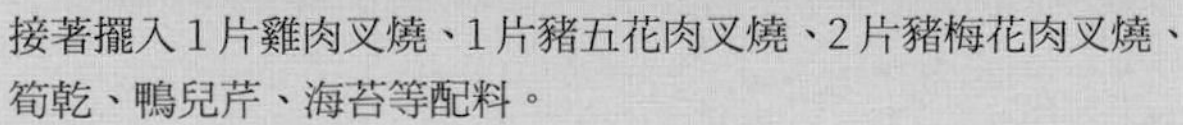

接著擺入1片雞肉叉燒、1片豬五花肉叉燒、2片豬梅花肉叉燒、筍乾、鴨兒芹、海苔等配料。

魚乾香氣白醬油拉麵（含溏心蛋） 950日圓

和魚貝類湯頭為主軸的「天然釀造醬油拉麵」同為店裡的人氣餐點。湯頭顏色介於鹽味和醬油之間，呈美麗的金黃色，將魚貝類湯頭（以數種魚乾、柴魚片、昆布熬製）和動物類湯頭（以豬前腿骨和雞骨架等熬製）以10：1的比例混合調製而成。主要使用七福釀造的有機白醬油調製醬油醬汁，帶有濃郁鮮味，但清爽沒有臭味。以玄米油煸炒魚乾，讓魚乾香氣轉移至油裡，作為風味油使用。比起其他餐點，魚乾香氣白醬油拉麵更強調魚乾香氣與風味。除此之外，將水煮蛋淹漬在添加鹽和醬油的小魚乾高湯裡整整1天，製作成美味的溏心蛋。

完成魚乾香氣白醬油拉麵（含溏心蛋）

1 將魚貝類湯頭和動物類湯頭以 10：1 的比例倒入小鍋裡加熱。

2 麵碗裡倒入白醬油醬汁、魚乾油、蔥花，然後注入加熱後的湯頭。

3 放入煮熟的麵條。使用扁細麵（三河屋製麵），1 人份 140g（大碗 210g）。煮麵時間為 1 分 5 秒左右。過去使用細直麵，後來改用吸附湯汁能力更好的扁細麵。

4 接著擺放 1 片雞肉叉燒、1 片豬梅花肉叉燒、溏心蛋、筍乾、鴨兒芹等配料。

生薑醬油拉麵生姜 850日圓

使用和「天然釀造醬油拉麵」一樣的基底湯頭，另外添加突顯生薑風味的食材。這原本是 1 年前的限定餐點，但深受客人喜愛而納入正規菜單中。除了醬油醬汁裡添加切片生薑，也以玄米油煸炒切片生薑調製風味油。最後再以生薑泥作為配料，打造一碗口味清爽的生薑醬油拉麵。配置三河屋製麵製作的扁細麵，並且搭配低溫烹調的豬梅花肉叉燒、豬五花肉叉燒、筍乾、海苔、鴨兒芹等配料。

完成生薑醬油拉麵

1

將動物類湯頭和魚貝類湯頭以２：１的比例倒入小鍋裡加熱。

2

麵碗裡倒入生薑醬油醬汁、雞油、生薑油、蔥花，然後注入加熱後的湯頭。

3

放入煮熟的麵條。使用扁細麵（三河屋製麵），１人份１４０ｇ（大碗２１０ｇ）。煮麵時間為1分5秒左右。過去使用細直麵，後來改用掛湯力更好的扁細麵。

4

接著放入1片豬五花肉叉燒、1片豬梅花肉叉燒、筍乾、鴨兒芹、海苔等配料。海苔上再放一些生薑泥。

『ラーメンいいかお』的動物類湯頭

材料

豬前腿骨、雞骨架（香草雞）、
全雞（伊達雞）、π 水、雞油脂

作法

1 汆燙豬前腿骨後割開。

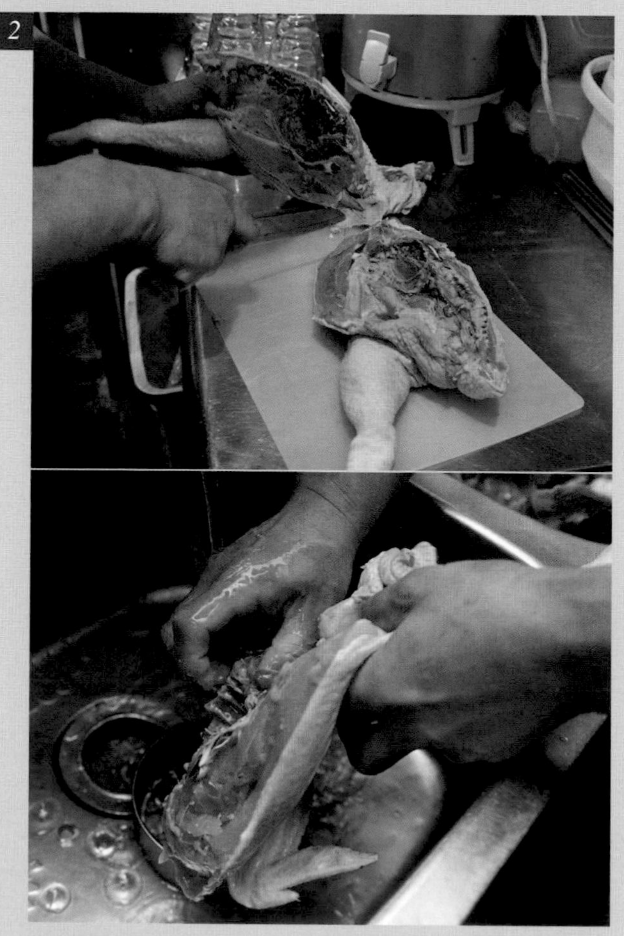
2 將全雞對半切開，摘除雞肺，以流動清水將血洗乾淨。以菜刀在大腿根部、雞翅、腹部、背部劃幾刀，以利萃取雞汁精華。

熬煮動物類湯頭的食材包括事先處理的豬前腿骨、香草雞的雞骨架、在雞肉表面橫切幾刀以利萃取精華的伊達雞全雞，熬煮時不添加任何調味蔬菜。由於另外添加品質佳且味道強烈的數種醬油所調製的醬油醬汁，食材總重量會比水量多 1 kg左右，打造味道不輸醬油的美味湯頭。而為了強調鮮味，添加了剛開幕時未使用的全雞。熬煮過程中不攪拌，只稍微撈除浮渣，自開始加熱算起共熬煮 8 個小時。每 2 天烹煮一次基底高湯，熬煮 8 個小時後，於傍晚時間過濾並靜置一晚，於隔天再使用。

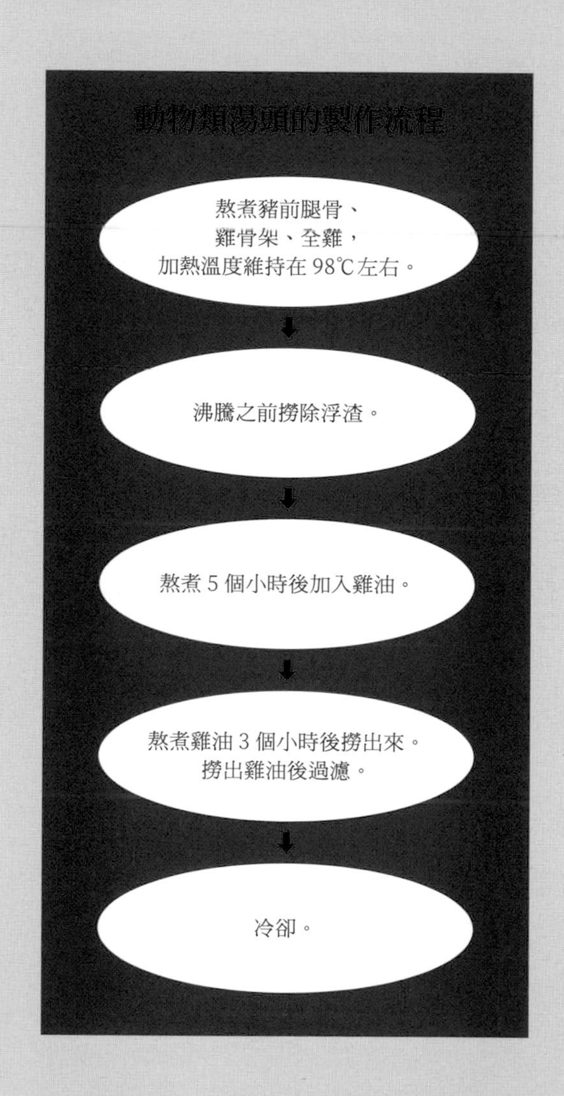

3

從湯桶鍋的底部到上層依序放入豬前腿骨、全雞、雞骨架，注入幾乎蓋過食材的水，以大火加熱至沸騰前。

4

只在快沸騰之前撈除一次浮渣。不攪拌湯桶鍋裡的食材，維持98℃～99℃的溫度持續熬煮。大概熬煮5個小時後，放入雞油，不添加任何蔬菜。

5

放入雞脂肪，熬煮3個小時後取出。再繼續熬煮恐會造成雞油氧化。

6

取出雞脂肪後過濾。過濾後分裝在2個5ℓ的湯桶鍋裡，將湯桶鍋浸在蓄滿水的水槽裡，降溫至20℃後移至冷藏室裡保存。這鍋湯於隔天營業時使用。

『ラーメンいいかお』的魚貝類湯頭

材料

日高昆布、乾香菇、π 水（經 π 水淨化器處理過的水）、日本鯷魚乾、黑背魚乾、小遠東擬沙丁魚乾、飛魚乾、鯖節、宗田節、前天剩下的魚貝類湯頭（若有剩餘）

作法

1

前一天事先將昆布、乾香菇浸泡在水裡。

2

將水倒入湯桶鍋裡，然後倒入事先浸泡在水裡的昆布和乾香菇（連同浸泡水）、魚乾、鯖節、宗田節後加熱。

為了避免魚貝類湯頭的味道過於單調，使用黑背魚乾、日本鯷魚乾、小遠東擬沙丁魚乾、飛魚乾等數種魚乾，打造豐富多層次的味道。為了更方便萃取高湯，先將前一天浸泡的日高昆布和乾香菇水加熱，溫度達 80℃時取出昆布，這個步驟的目的是避免昆布的味道蓋過整鍋湯頭的味道。而基於少了柴魚片會有少一味的感覺，所以適量添加鯖節和宗田節。湯頭加熱至沸騰後降溫至 90℃，這種烹煮方式最適合「いいかお」的拉麵，因此店家都會刻意採用將湯頭熬煮至沸騰的烹調方式。

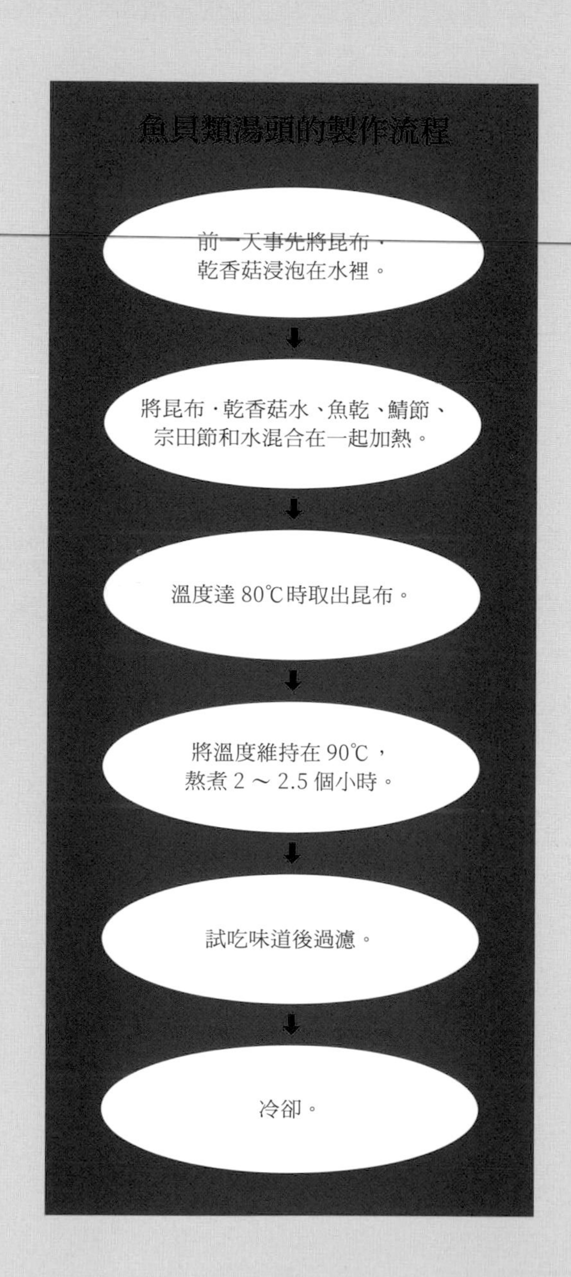

3

溫度達80℃後，取出昆布。再沸騰一次後關火，靜置讓溫度下降至90℃。這時候不撈除浮渣。達90℃後，維持這個溫度持續加熱。共熬煮2～2．5個小時。

4

熬煮2～2．5小時後，取出食材，將湯桶鍋浸在蓄滿水的水槽裡急速冷卻。可以直接取用，但過了中午尖峰時段，必須放進冷藏室裡保存。

豬梅花肉叉燒

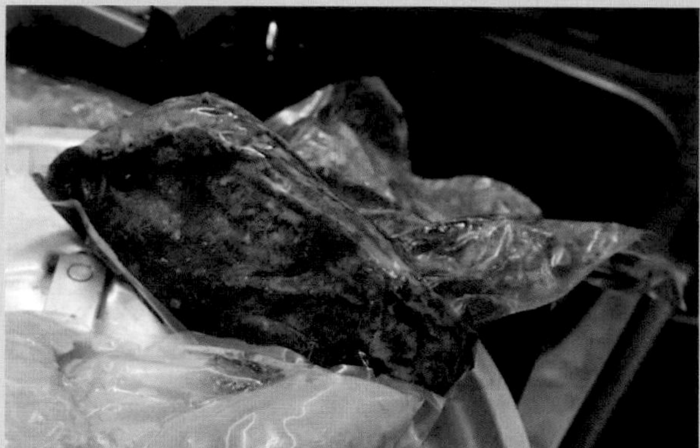

先以平底鍋煎至整體上色，然後與醬油、味醂一起放入真空包裝袋中，以低溫方式烹調。

雞肉叉燒

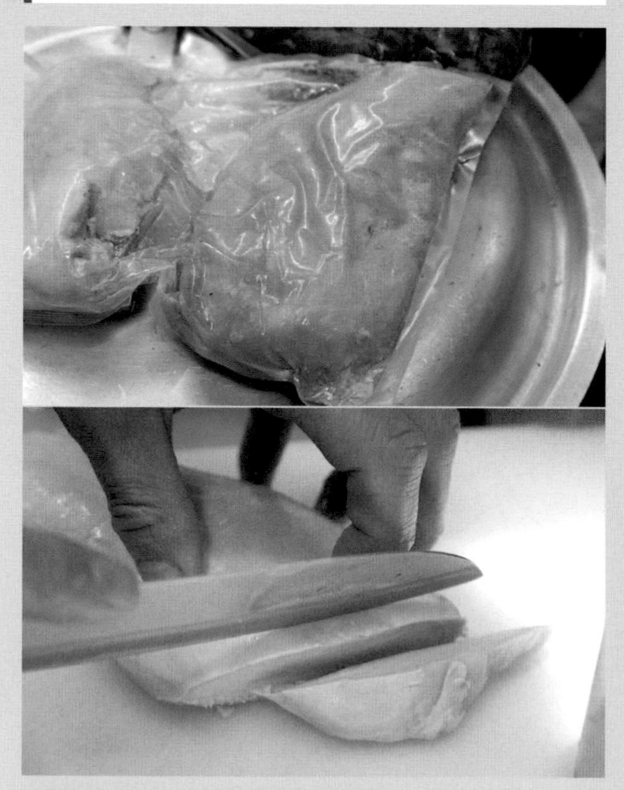

在雞胸肉上抹鹽，真空包裝後低溫烹調。

天然釀造醬油醬汁

天然釀造醬油醬汁混合島根縣的「井上古式醬油」、愛媛縣大洲市的梶田商店的天然釀造．丸大豆純正醬油「巽」、和歌山縣的角長濃味醬油「濁醬」，以及味醂調製而成。其中「井上古式醬油」不使用加熱處理和添加酵母的方式來促進發酵釀造，而是使用自 1867 年創業以來的藏存酵母加以釀造。過去沒有使用「濁醬」，而且還添加乾干貝和乾香菇高湯，但為了凸顯優質醬油的風味，現在不僅添加「濁醬」，還改用味醂取代乾干貝和乾香菇高湯。搭配使用各種食材熬煮的動物類湯頭，讓醬油醬汁的鮮味更加濃郁。

生薑醬油醬汁

醬油和味醂混合在一起，然後放入生薑片淹漬 4 天調製而成。

白醬油醬汁

只使用七福釀造的有機白醬油。

筍乾

以魚貝類湯頭、醬油和味醂調味水煮筍乾。過去曾以紫萁作為配料，但有時候不易取得中國生產的紫萁，所以後來改用筍乾。

魚乾油

先將魚乾浸泡在水裡1晚，然後放入攪拌機中磨碎。以玄米油煸炒，慢慢讓水分蒸發且讓魚乾風味轉移至玄米油中，過濾後即可使用。

豬五花肉叉燒

先以平底鍋用小火慢煎豬五花肉，從油花部位那一面先煎，大概20分鐘。倒掉煎肉時產生的油脂，然後與醬油、味醂一起放入真空包裝袋中，以低溫方式烹調4個小時。急速冷卻後置於冷藏室裡保存，客人點餐後再切片盛裝於麵碗中。

溏心蛋

將水煮蛋淹漬在魚貝類湯頭、鹽和醬油調製而成的醬汁中。

雞そば・ラーメン Tonari

『Tonari』有非常多樣化的味道。並非單純改變配料以增加豐富性，而是利用不同湯頭 × 不同醬汁 × 不同風味油 × 不同麵條的方式增加多樣化的常規菜單。店家的湯頭有雞清湯和雞白湯 2 種；醬汁有白醬油醬汁、黑醬油醬汁、鹽味醬汁、牡蠣醬油醬汁 4 種；風味油則有雞油、魚乾油、芝麻油 3 種，將這些食材混合搭配，打造豐富美味的拉麵、沾麵陣容。店裡共有 8 個座位。

■東京都渋谷区円山町 14-3-1 階 ■規模 /10 坪・8 個座位 ■老闆主廚 青木小進実

白醬油雞肉蕎麥麵 850 日圓

只使用帶頸雞骨和調味蔬菜熬煮清湯，然後混合白醬油。配料包含低溫烹調的雞胸肉和豬梅花肉叉燒、筍乾、蔥、蘿蔔芽、魚板。麵條為低加水率的細直麵，1 人份 130g。

完成白醬油雞肉蕎麥麵

1 麵碗裡放入雞油、白醬油醬汁。

2 注入以小鍋加熱至沸騰的雞清湯。

3 放入煮熟且瀝乾水分的細直麵條，並且稍微調整一下形狀。

4 盛裝雞肉叉燒、豬肉叉燒、蔥、筍乾、蘿蔔芽、魚板、海苔等配料。

『鶏そば・ラーメンTonari』的雞清湯

材料

雞脖子（日本產）15 kg、水 15 ℓ、
洋蔥、大蒜、生薑

作法

1

將冷凍保存的雞脖子放入水中解凍並清洗血水。

2

為了盡可能去除腥臭味，澆淋熱水氽燙一下。接著用流動清水洗去黏在雞脖子下方的肺臟。過去使用雞胸骨熬湯，但必須花很多時間與精力清除血合肉，基於作業效率考量，現在全面改用雞脖子。

湯頭以雞清湯為主。原本使用雞胸骨熬湯，但為了簡化清除內臟的步驟，現在改用雞脖子。雞清湯的二次高湯作為雞白湯使用。礙於廚房的設計，如果營業中還要從湯桶鍋裡取湯，作業動線會變得極為不順暢，因此通常會先將湯頭過濾後冷藏，營業中再以小鍋加熱供應。熬煮雞清湯時不添加雞腳，所以冷藏後也不會凝固，夏季還可以用來製作冷麵。另一方面，為了打造雞清湯的透明感，洋蔥於剝皮後再使用。

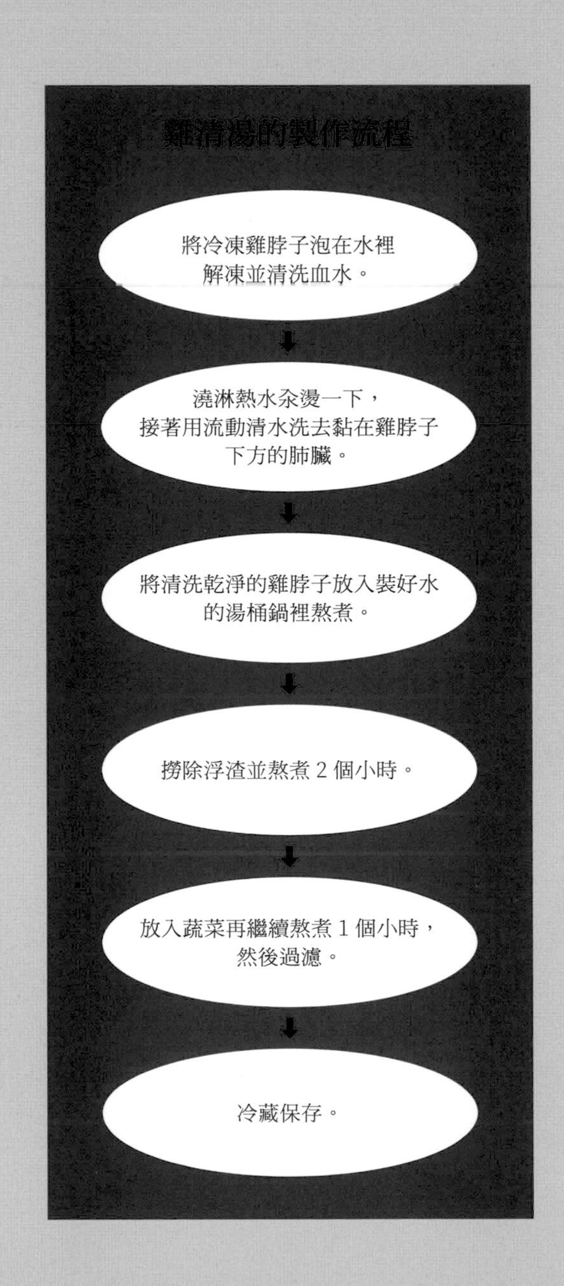

3

將清洗乾淨的雞脖子放入熱水中熬煮。水量要蓋過雞脖子，以咕嘟咕嘟沸騰的程度加熱，不要開大火讓熱水大滾。使用淨水器過濾的水。

4

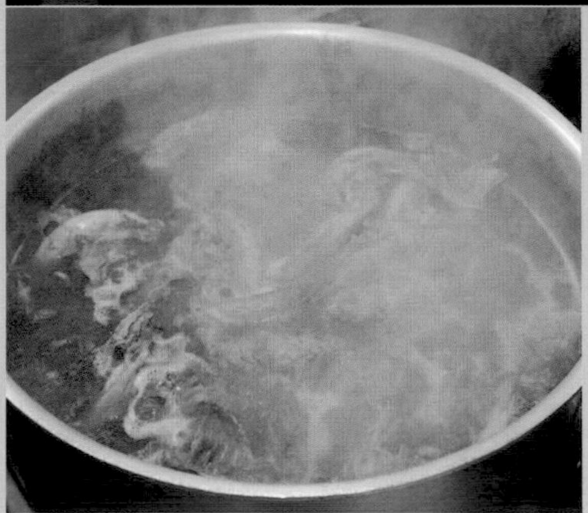

撈除熬煮過程中產生的浮渣，熬煮2個小時。

5

2小時後，放入洋蔥、大蒜、生薑。為了保持湯頭清澈，洋蔥要剝皮後再放入湯桶鍋裡。青蔥容易使清湯產生雜味，所以不添加青蔥。

6

放入蔬菜類食材後，繼續熬煮1個小時，然後過篩。過篩後冷藏保存，於隔天營業時間作為拉麵湯頭使用。在過篩後的雞骨架裡添加熬煮雞油剩餘的食材、蔥綠、白米等食材熬煮成雞白湯。雞白湯作為「赤辛雞白湯蕎麥麵」（900日圓）的湯頭使用，也用於製作「牡蠣與魚乾白湯沾麵」（1200日圓）的沾醬。

豬肉叉燒

店家準備2種叉燒肉，雞肉叉燒和豬里肌肉叉燒，使用溫度和時間嚴格管控的低溫烹調法。先將豬里肌肉醃漬在醬汁裡，再以低溫方式烹調。為了呈現視覺上的美味，務必烹調至整體上色。

材料

豬里肌肉、鹽、砂糖、胡椒、
醬汁（砂糖、味醂、醬油、蔥綠、胡椒）

作法

1

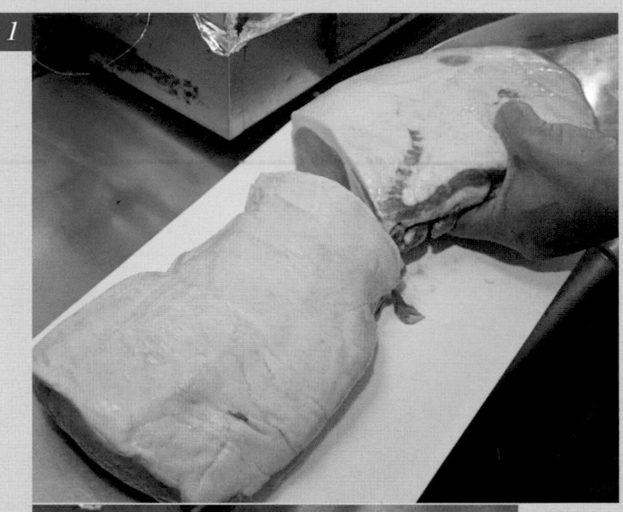

切除豬里肌肉的筋和比較硬的脂肪部位，切掉四邊不平整的部位。形狀不平整的切邊肉醃漬在醬汁裡並加熱，作為叉燒丼使用。

2

縱向對切成一半，以棉線確實捆綁，藉此調整豬里肌肉的形狀。

3

在整個豬里肌肉上均勻塗抹鹽、砂糖、胡椒。

將醬油、砂糖、味醂、蔥綠、胡椒混合在一起煮沸，製作醬汁。

將3的豬里肌肉放入真空包裝袋中，倒入醬汁，醃漬一晚。

抽掉5真空袋中的空氣並密封起來，放入53.5℃的熱水中加熱2～3個小時，然後自鍋裡取出來。

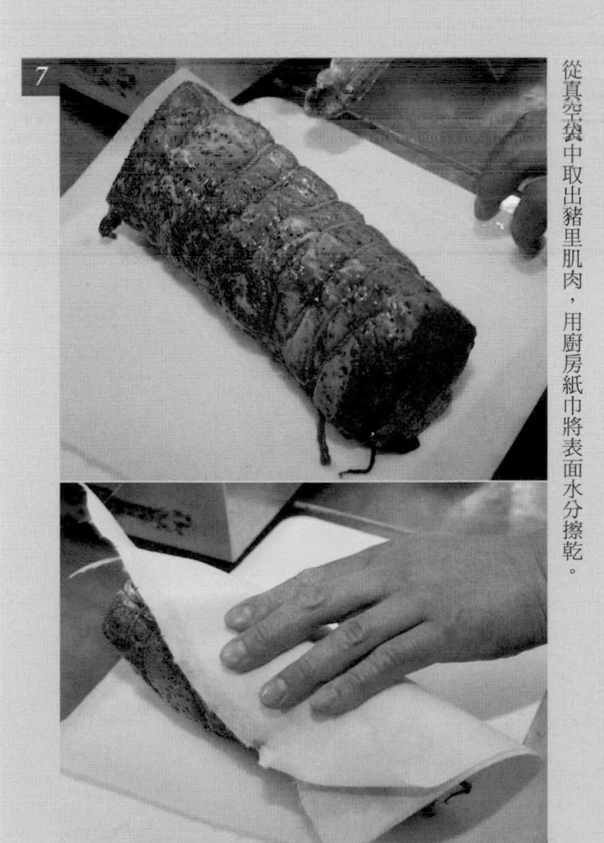

從真空袋中取出豬里肌肉，用廚房紙巾將表面水分擦乾。

先不要剪開捆綁豬里肌肉的棉線，直接放入平底鍋裡煎。確實煎至表面呈金黃色。

剪開棉線，切成片狀作為配料。

雞油

將雞脂肪和雞胸肉去掉的雞皮放入沙拉油中熬煮成雞油。

白醬油醬汁

白醬油醬汁除了用於白醬油雞肉蕎麥麵，也作為沾麵和限定餐點的醬汁使用。將白醬油、砂糖、味醂、鹽混合在一起加熱，然後添加鰹節、鯖節、熬製高湯的昆布、乾香菇、大蒜熬煮而成。靜置一晚，隔天添加白醬油後即可使用。

雞肉叉燒

不同於豬里肌肉叉燒，將雞肉醃漬在鹽和生薑調製的醬汁中一晚，然後隔天再低溫烹調。

材料

雞胸肉、鹽、胡椒、
醬汁（鹽、料理用清酒、生薑、蔥綠）

作法

1

雞胸肉去皮後，在表面塗抹鹽巴和胡椒。雞皮作為熬煮雞油的材料。將醬汁材料混合一起後煮沸，放入雞胸肉醃漬 1 晚。隔天裝入真空袋中，抽掉空氣後密封，放入 63.5℃的熱水中加熱 1.5 ～ 2 個小時。照片為加熱後自鍋中取出來的狀態。切成片狀作為配料。

海老丸らーめん

開業於 2017 年 9 月。老闆主廚的長坂將志先生曾在法式餐廳『Chez Inno』、『Chinois on Main』（洛杉磯）當學徒，後來自行在東京．西麻布經營法式餐廳『egosine』。常規菜單中「元祖海老丸拉麵」湯頭的最大特色是充滿濃厚鮮味，使用龍蝦頭作為熬湯食材，並以法式龍蝦海鮮濃湯的烹調方式熬煮。活用法式料理的烹煮技法，並以季節性食材製作限定拉麵，一整年可以提供 60 多種美味的拉麵餐點。通常不到營業時間就已經吸引不少客人前來排隊，目標就是這些限定拉麵。據說有不少忠實熟客，計畫蒐集店家所有限定拉麵餐點。

■東京都千代田区西神田 2-1-13 十勝ビル 1 階 ■規模 /20 坪・13 個座位■老闆主廚 長坂将志

THE 法式拉麵阿爾伯特醬（2023 年 1 月 14 日起的限定拉麵） 1800 日圓

1 月 14 日起限量約 400 碗的拉麵（1 月 20 日完售）。使用當季的扇貝和燜煎鮭魚作為配料，搭配的湯頭則是法式料理中的傳統醬汁－阿爾伯特醬。將魚貝高湯、小牛高湯、雞汁調味料混合在一起，製作充滿多層次風味的美味湯頭。配料包含蓮藕和飛驒旨豚五花肉，以醬油調味，強調日式與西式的對比味道。由於湯頭較為濃厚，適合搭配粗麵，但為了讓客人品嚐纖細口感，刻意使用細直麵。

完成 THE 法式拉麵阿爾伯特醬

1 麵碗裡倒入醬油醬汁。醬油醬汁用於調整湯頭的鹽分濃度，所以每一種限定拉麵都會搭配不同分量的醬汁。

2 注入阿爾伯特醬風味的湯頭。這樣的湯頭味道正好，所以不再另外添加風味油。

3 放入煮好的細直麵。煮麵時間為 1 分 10 秒左右。

4 最後盛裝燜煎扇貝鮭魚、醬油拌炒河內蓮藕和飛驒旨豚五花肉、紅洋蔥、紅心蘿蔔、義大利香芹、菊花等配料。

『海老丸拉麵』阿爾伯特醬風味湯頭

材料

白絞油、大蒜、分蔥、京蔥、蘑菇、
諾利帕（法式香艾酒）、小牛高湯、
雞汁調味料、魚原汁、蛤蜊高湯、鮮奶油、
新鮮百里香、白胡椒、乾牛肝菌、熬煮高湯的昆布

作法

1

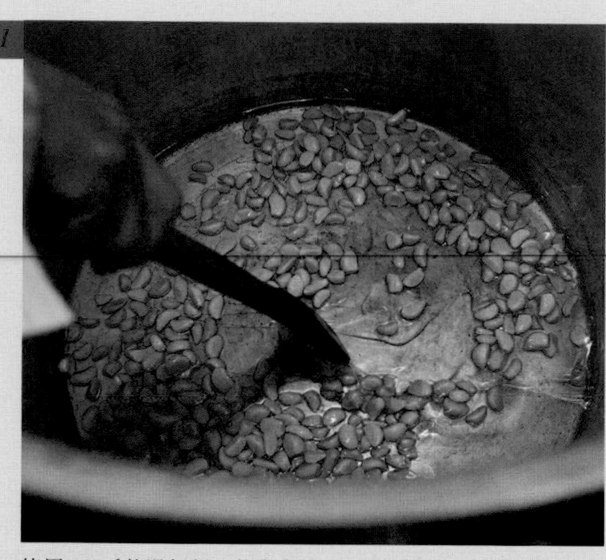

使用 160 ℓ的湯桶鍋，熬煮大約 120 ℓ的湯頭。這些湯頭大約 400 人分量，1 個星期左右賣完的限定拉麵湯頭。湯桶鍋裡倒入白絞油加熱，放入整顆大蒜拌炒。

2

大蒜上色之前，放入切塊的分蔥、京蔥並炒至軟嫩。由於之後要放入手持攪拌機中攪拌，所以稍微切大塊一點，而且為了確保同時熟透，大小要盡量一致。

雀屏中選的配料是 1 月當季的美味扇貝與鮭魚，再佐以法式料裡的阿爾伯特醬風味湯頭。我當學徒的地方，也就是米其林三星餐廳的名店「Chez Inno」，店裡有道主廚相當引以為傲的料理「燜燉比目魚佐阿爾伯特醬風味」，嘗試採用阿爾伯特醬的風味來呈現拉麵湯頭。在法式魚原汁（fumet de poisson）和貝類高湯裡添加小牛高湯和雞汁調味料，再以鮮奶油提高濃度，活用充滿層次感的阿爾伯特醬的特色，打造美味且與眾不同的湯頭。

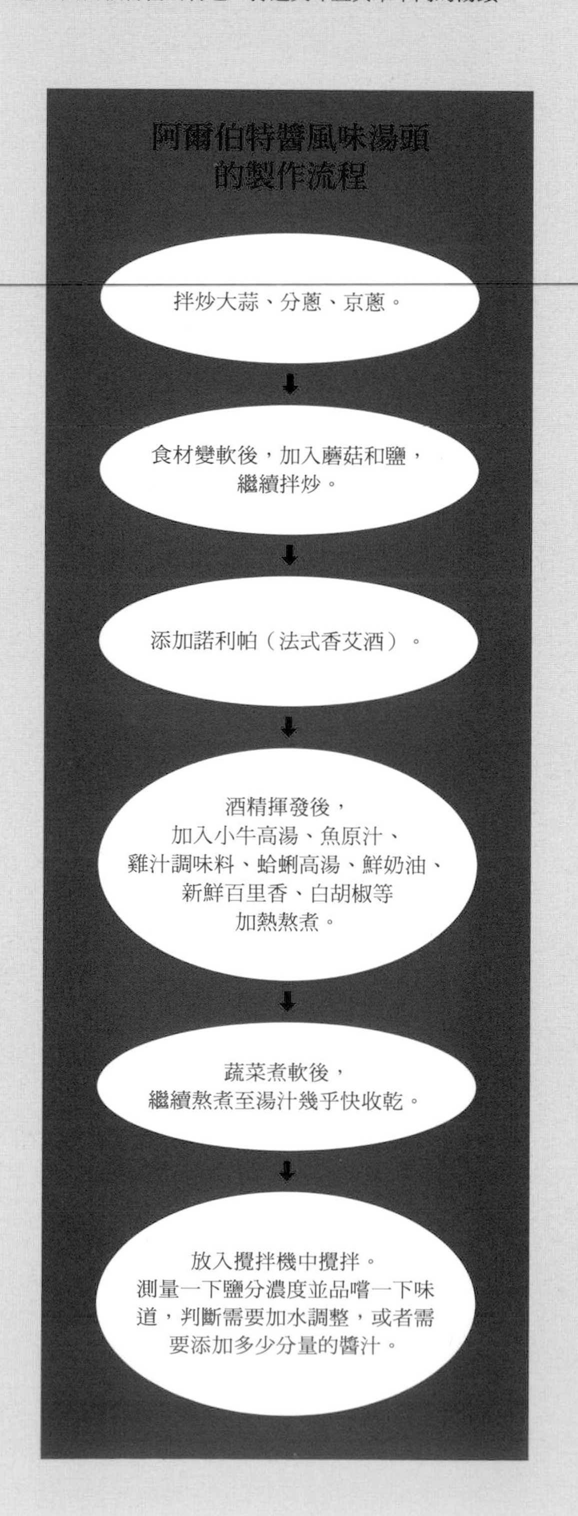

3

分蔥和京蔥變軟後，加入蘑菇。添加少量鹽巴拌炒。加鹽的目的是為了襯托食材的鮮味。

4

充分拌炒後，倒入10瓶諾利帕（法式香艾酒）。繼續熬煮讓酒精揮發。

5

酒精揮發後，加入小牛高湯、魚原汁、蛤蜊高湯、雞汁調味料。接著放入新鮮百里香、整粒切半的白胡椒和乾牛肝菌。添加牛肝菌的目的是增加隱藏味道。不使用白胡椒粉，而使用白胡椒粒，主要功用是藉由辛辣味鎖住湯頭美味。

6

加入 10ℓ鮮奶油。使用乳脂含量 36%的鮮奶油。

7

將熬製高湯的昆布搗碎並放入鍋裡。

8

蔬菜煮軟後，繼續熬煮至湯汁幾乎快收乾。放入攪拌機中攪拌。

9

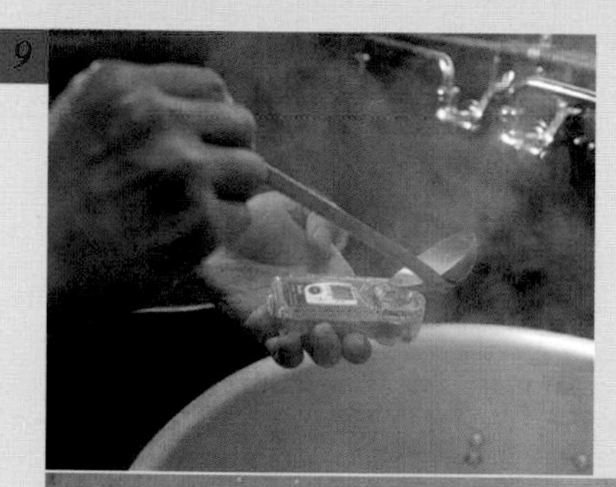

攪拌至食材不再呈固體狀之後，測量鹽分濃度。依鹽分濃度，判斷需要加水、繼續熬煮至收乾，或者可以直接使用。這次的鹽分濃度是 1.47，達到這個濃度後，可以作為湯頭使用，然後混合 5g 的醬油醬汁。如果鹽分濃度為 2，由於之後還要和麵條混合在一起，所以不再添加水，也不再添加醬汁。最終需要加水或加醬汁，全取決於鹽分濃度。而湯頭的最終味道也會影響主要配料外的其他蔬菜等配料的調味。這次使用同樣季節的扇貝與蓮藕當配料，由於湯頭味道濃郁，所以配料部分也必須確實調味，避免因味道太淡而被湯頭蓋過去。

法式燜煎扇貝鮭魚

使用雞汁調味料、魚原汁、小牛高湯、蛤蜊高湯烹煮湯頭，佐以燜煎扇貝和鮭魚等配料。當季的扇貝鮮味十足，再加上鮭魚的美味油脂，相比於濃醇的湯頭絲毫不遜色。為了呈現當季的美味，使用生扇貝而非冷凍扇貝。鮭魚則使用油脂飽滿的挪威鮭魚，但只使用半邊。

材料

帆立貝、挪威鮭魚、
鹽、胡椒、白絞油

作法

1

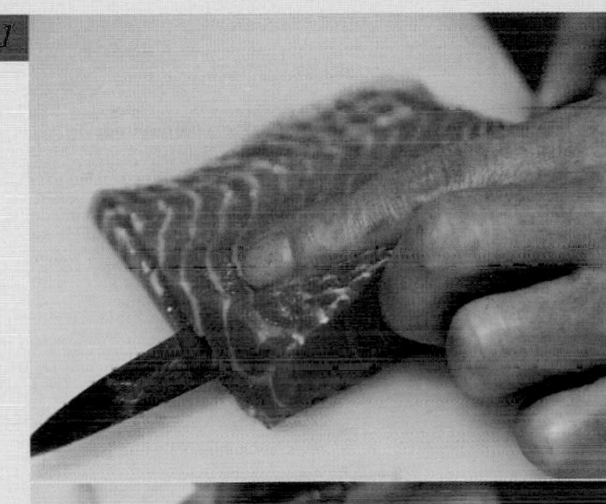

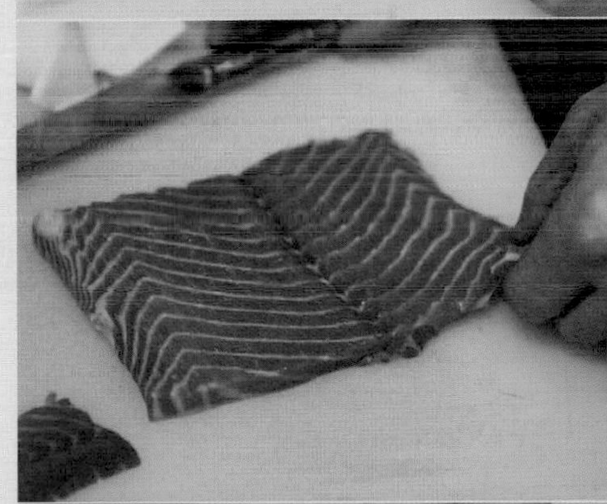

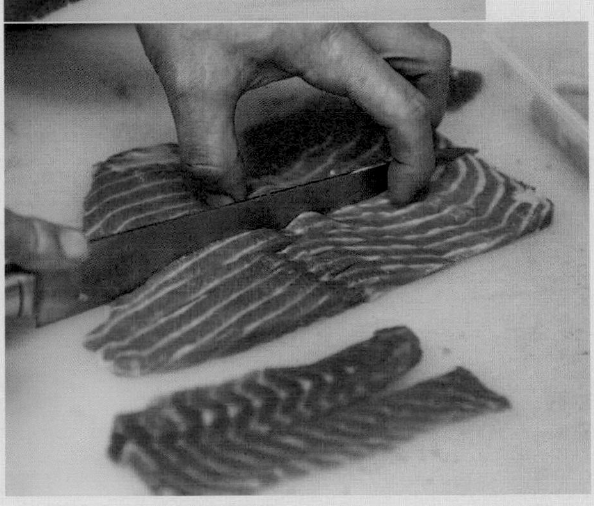

鮭魚剖開成一大片，縱向切成長條。在表面塗抹鹽和胡椒。

2

用長條鮭魚片將帆立貝捲起來，再以牙籤固定。

3

平底鍋裡倒油，燜煎 2 面都塗抹鹽和胡椒的扇貝鮭魚。

半成貝香料義式燉飯 770 日圓

為了讓客人充分享用費時費工熬煮的湯頭，店家另外準備燉飯來搭配限定拉麵。每 2 位客人中至少有 1 人以上會點燉飯。搭配「THE 法式拉麵阿爾伯特醬」的燉飯是「半成貝香料義式燉飯」。燉飯並非延續拉麵的味道，所以為了讓顧客享用燉飯時能有轉味的感受，刻意增加一些香料。不以「咖哩」這個詞為燉飯命名，而是使用「香料」一詞，藉此和「THE 法式拉麵」互相烘托。

半成貝香料義式燉飯的享用方法

1

將麥飯放入加熱備用的石鍋裡，接著盛裝蛋、以咖哩粉拌炒的半成貝、青蔥、菊花。端上桌後，一口氣將熱湯倒進石鍋裡，不僅發出嘶嘶沸騰聲，霧氣也隨之裊裊上升。

2

接著將格拉娜帕達諾起司削入碗中。聲音、霧氣、香氣頓時吸引隔壁桌的客人也爭相來上一碗。

3

整體混拌均勻後即可享用。

ロカヒ LOKAHI

LOKAHI 開業於 2020 年 10 月，店家 2 大支柱餐點為「地蛤中華蕎麥麵」和「中華蕎麥麵」。前者的湯頭混合地蛤潮汁（以千葉產地蛤為主，另外添加三重等地採購的約 80 ～ 100g 大小的地蛤）、雞骨架、小魚乾和柴魚高湯調製而成。後者的湯頭較為清爽順口，使用小魚乾、藍圓鰺節、鰹節、雞骨架、雞腳等食材熬製而成。店老闆澤田俊治先生擁有 16 年的日本料理經驗，為了讓一碗拉麵也能呈現前菜、烤物、主食、醋物等宛如日式套餐般的味道變化，積極設計並推出季節性限定拉麵。

■東京都豊島区北大塚 2-8-8 北大塚ビル 102 ■規模 /18 坪・14 個座位 ■店老闆 澤田俊治

特製地蛤中華蕎麥麵 1300日圓

製作「特製」拉麵時，另外熬煮地蛤潮汁，而雞骨架、魚乾、柴魚類熬煮的湯頭則是在客人點餐後才以小鍋加熱。配料包含低溫烹調的豬梅花肉叉燒、大山雞胸肉昆布低溫烹調叉燒、米煮豬五花肉叉燒、溏心蛋、黑米燉飯。另外，配置使用日本日本產小麥製作的低加水率，20 號切麵刀切條的細麵，切齒感佳，愈咬愈 Q 彈有勁。

完成特製地蛤中華蕎麥麵

1

麵碗裡倒入以豬油熬煮貝類的風味油、魚乾高湯和3種鹽所調製的鹽味醬汁。

2

注入地蛤潮汁、雞骨架湯、魚乾和柴魚類高湯混合在一起的湯頭。

3

放入煮熟的細麵。使用日本產小麥製作低加水率的麵條，以20號切麵刀切條。1人份130g，煮麵時間為1分30秒左右。

4

接著盛裝熬取潮汁的地蛤、大山雞胸肉昆布叉燒、低溫烹調的豬梅花肉叉燒和切邊肉、米煮豬五花肉叉燒、紫米燉飯、溏心蛋、鴨兒芹、日本蕪菁等配料。紫米義式燉飯的目的是希望讓客人先品嚐湯頭。最後在米煮豬五花肉叉燒上擺放一些具畫龍點睛效果且和米飯十分對味的鹽昆布。

烏賊魚乾味噌拉麵 1270日圓

將 2022 年 4 月推出的醬油口味改成味噌口味，並於 2023 年 1 月 15 日起作為為期 1 週的限定餐點供應客人享用。使用烏賊魚乾打造像是「二郎系」具濃郁味噌風味的拉麵。混合雞白湯和烏賊魚乾高湯作為基底湯頭，然後再添加味噌醬汁。味噌醬汁使用 3 種味噌，搭配醬油、味醂和日本清酒調製而成。這款拉麵使用 2 種風味油，一種是烏賊油，一種是豬背脂混合烏賊調味醬（烏賊魚乾和醬油調製而成）製作而成的風味油。以海洋麵粉（オーション）製作麵條，再以 16 號切麵刀切條成粗麵。配料包含油封豬五花肉、炙燒豬五花肉叉燒、蓮藕阿茶羅漬（甜醋淹漬）、涼拌菜（照片為四季豆）。最後撒上黑胡椒並在蓮藕上放一些切塊番茄、在油封豬五花肉上淋一些無油烏賊墨醬汁就完成了。推薦大家享用搭配「奶油玉米炙燒起司飯」的定食套餐（1500 日圓）。

完成烏賊魚乾味噌拉麵

1

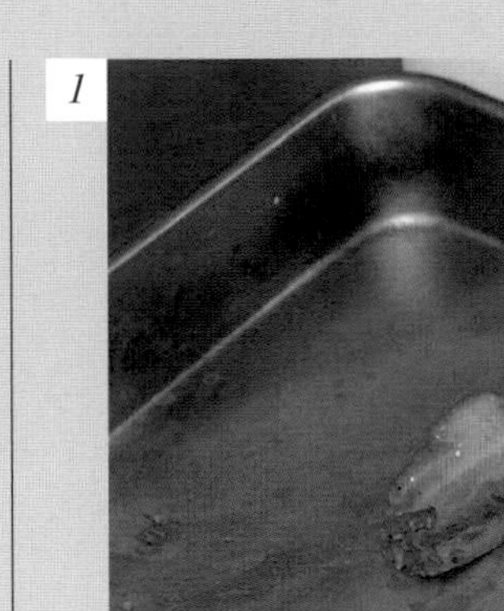

先將豬五花肉叉燒的表面炙燒備用。

2

麵碗裡倒入味噌醬汁，使用和牡蠣拉麵一樣的味噌醬汁。味噌醬汁裡放入少量大蒜就好，而除了用於配料外，烹煮過程中不再使用大蒜，如此一來，大白天裡也能毫無負擔地盡情享用。

3

注入雞白湯和烏賊魚乾高湯混合一起的湯頭，讓味噌醬汁確實溶解於湯頭裡。

4

放入煮熟的麵條。1人份150g，煮麵時間為4分鐘左右。因為是定食方式供應，麵條至多能減少至120g（餐點價錢可減少50日圓）。

5

接著放入油封豬五花肉、炙燒豬五花肉叉燒、涼拌四季豆、蓮藕阿茶羅漬等配料，並將蕃茄擺在蓮藕上。

6

撒些黑胡椒，澆淋烏賊風味油和混拌豬背脂的烏賊調味醬。若只澆淋豬背脂，湯頭會過於濃厚，所以混拌一些烏賊調味醬。

舀一小匙烏賊墨醬汁淋在油封豬五花肉上，然後放些波菜沙拉。烏賊墨醬汁的功用是添補油封豬五花肉的味道。也由於這道拉麵飽含油脂，製作烏賊調味醬時不再另外添加油類材料。

低溫烹調半熟豬梅花肉叉燒

低溫烹調半熟豬梅花肉叉燒是用於「中華蕎麥麵」、「特製地蛤中華蕎麥麵」的配料，以製作叉燒丼時所使用的醬汁加以調味。如同米煮豬五花肉叉燒、大山雞胸肉昆布叉燒的製作方法，放入真空包裝袋中，然後以蒸氣烘烤爐低溫烹調。

材料

豬梅花肉（日本產・塊狀）、黑胡椒、
醬油醬汁（醬油、味醂、日本清酒、砂糖）

作法

1

將塊狀豬梅花肉對半切開，然後每一份再切成3塊。加熱後的豬肉筋部位容易散開，所以切塊時盡量不要沿著豬肉筋部位，避免豬肉筋位於邊緣。

2

切塊後在表面撒黑胡椒。

3

平底鍋裡不放油，從豬肉油花那一面開始煎，只煎表面就好。

4

將煎好的豬肉和醬油醬汁倒入真空包裝袋中。

5

放入蒸氣烘烤爐中，使用蒸氣模式並設定 70℃加熱 1 小時 20 分鐘～ 30 分鐘。加熱方式依肉塊的大小而異，出爐時按壓肉塊確認軟硬度。自烘烤爐中取出後，放入冷水中急速冷卻，然後置於冷藏室裡保存。

6

將低溫烹調的豬梅花肉叉燒切成薄片，盛裝於麵碗裡。

油封豬五花肉

過去曾經使用烏賊魚乾湯頭製作醬油口味的限定拉麵，自 2023 年 1 月 14 日起，推陳出新改為味噌口味的限定拉麵。為了突顯味噌的味道，選擇最具襯托效果的油封法來處理豬五花肉。為了讓豬五花肉的油脂能夠入口即化，以蒸氣烘烤爐確實加熱至軟爛，並且厚切盛裝於麵碗中。

材料

豬五花肉（日本產・塊狀）、三溫糖、鹽、白絞油

作法

1

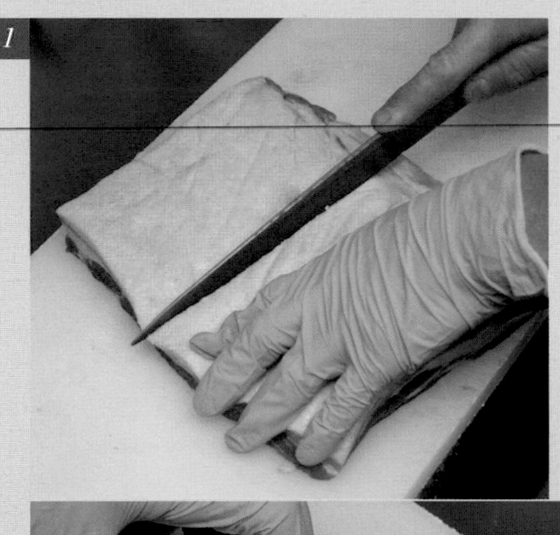

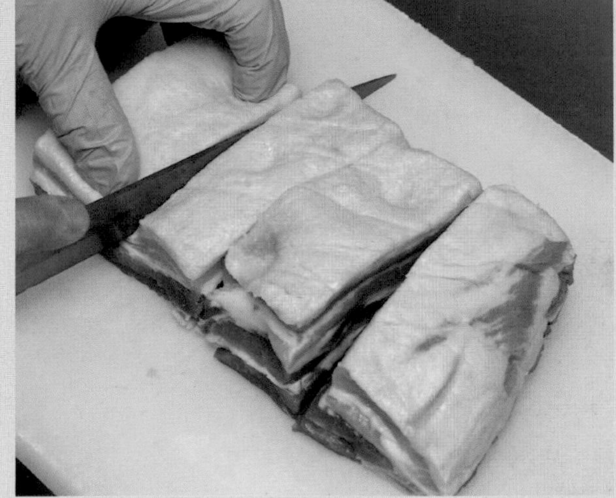

將塊狀豬梅花肉對半切開，再將每一份切成4等分。

2

切塊後整體塗抹三溫糖和鹽巴。店家標榜「不使用化學調味料」，所以使用未經過精製處理的三溫糖。為了讓豬肉出水，將豬肉擺在有濾水孔設計的調理盆中並置於冷藏室大約 1 個小時。

3

自冷藏室取出後，用清水將豬肉表面沖洗乾淨。照片為清洗後的狀態。

4

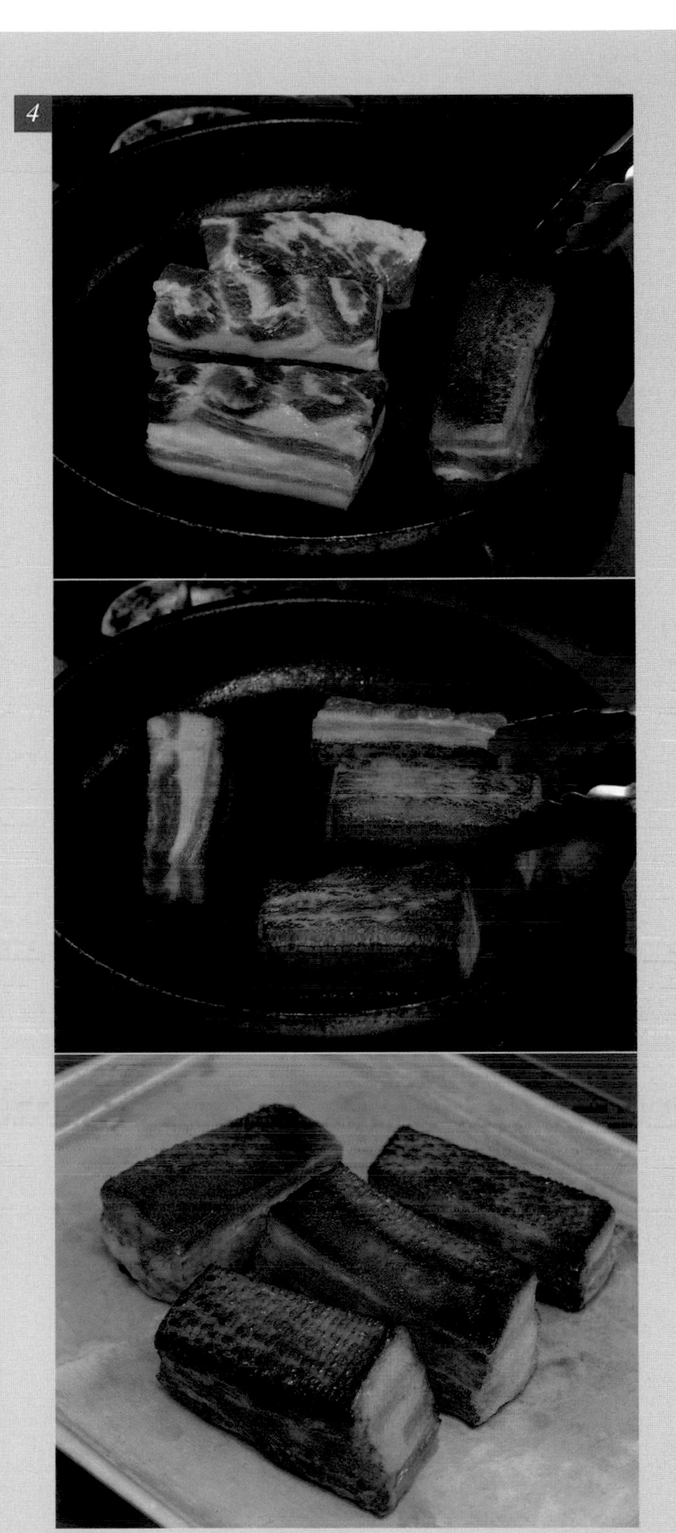

平底鍋裡不放油，從豬肉油花那一面開始煎。因豬肉表面塗抹砂糖，煎煮過程中容易焦黑，務必多加留意避免燒焦，只煎表面就好。

5

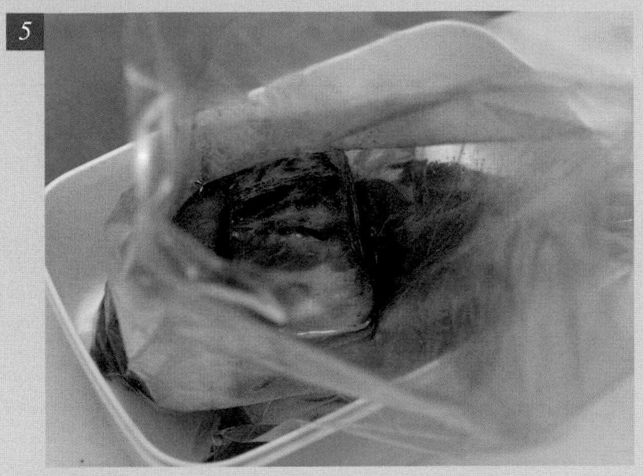

將煎過的豬肉和豬肉分量的 30 ～ 40%左右的白絞油倒入真空包裝袋中。

6

放入蒸氣烘烤爐中，使用蒸氣模式並設定95℃加熱4個小時。自烘烤爐中取出後，放入冷水中急速冷卻，然後置於冷藏室裡保存。將油封豬五花肉切成大約5㎜的厚度後盛裝於碗中。

麵屋 真星

開業於 2019 年 12 月。以女性客人能夠輕鬆入內享用拉麵為目標，不僅打造明亮的座位區，也使用雞白湯和清爽雞清湯 2 種拉麵作為店裡的 2 大招牌餐點。老闆安田真人先生獨立開業之前，曾經學習製作麵條，開業後也使用自製麵條烹煮拉麵。雞白湯拉麵配置粗麵，雞清湯拉麵則配置細麵。另外，推出限定拉麵時，也會配合口感，製作合適的麵條。

■千葉県浦安市北栄 2-19-26 ■ 14 坪·24 個座位 ■店老闆 安田真人

濃厚雞白湯拉麵（鹽味） 950 日圓

麵屋真星於 2019 年 12 月開幕，店家備有以男性客人為導向的濃厚雞白湯拉麵，以及以女性客人和高齡者為導向的清淡雞魚貝（雞清湯和魚貝高湯的雙湯頭）湯頭拉麵。目前濃厚雞白湯拉麵的銷售量比較好，比起開業之初，濃度（Brix）提高 2.4%～ 2.7%。「鹽味」拉麵的配料豬梅花肉叉燒上面會擺放一些黑松露蕈醬，客人可以盡情享受黑松露蕈醬溶解至湯裡後所呈現的味道變化。另一方面，使用自家製作的中粗直麵條，加水率約 38 ～ 42%，1 人份 160g。

完成濃厚雞白湯拉麵（鹽味）

1

麵碗裡倒入鹽味醬汁、雞油、粗蔥丁。

2

注入雞白湯。

3

使用奶泡機混拌均勻。比起手持攪拌機，奶泡機更能打出綿密的泡沫，讓口感更加滑順細緻。

4

放入煮熟的中粗直麵。

5

盛裝雞肉叉燒、低溫烹調的豬梅花肉叉燒、斜蔥絲、筍乾、鴨兒芹等配料。

6

在低溫烹調的豬梅花肉叉燒上澆淋一些黑松露蕈醬、黑松露油，然後撒些黑胡椒和紅胡椒粒。

『麵屋 真星』的雞白湯

開業之初的濃厚雞白湯使用雞骨架、全雞、豬前腿骨熬煮而成，但現在完全只使用雞類食材。湯頭濃度（Brix）也比 2019 年 12 月開業的時候提升至 8.6 ～ 8.9%，而目前的濃度（Brix）為 11%。熬湯過程中不將雞骨架等食材搗碎，因為不再使用細網格錐形篩過濾搗碎後的骨粉。講究光滑柔順的口感，所以相當受到客人的喜愛。曾經一度將濃度（Brix）提高至 12%、13%，但發現 11%濃度的完食率最高，即便是女性客人也會將湯一飲而盡，於是後來便將濃度固定在 11%。

材料

雞骨架（大山雞）、雞骨架（黑薩摩雞）、雞腳（白雞）、全雞（種雞）、雞脂肪（京紅土雞和黑薩摩雞）、π 水（經 π 水淨化器處理過的水）

作法

1

雞骨架、雞腳和全雞全無須事先汆燙，直接放入湯桶鍋裡，注水後開始加熱。全雞部分，以前使用淘汰的蛋雞，約 6 ～ 7 隻，但由於雞肉量過多，後來改用種雞。在全雞表面劃幾刀後再放入鍋裡熬煮。

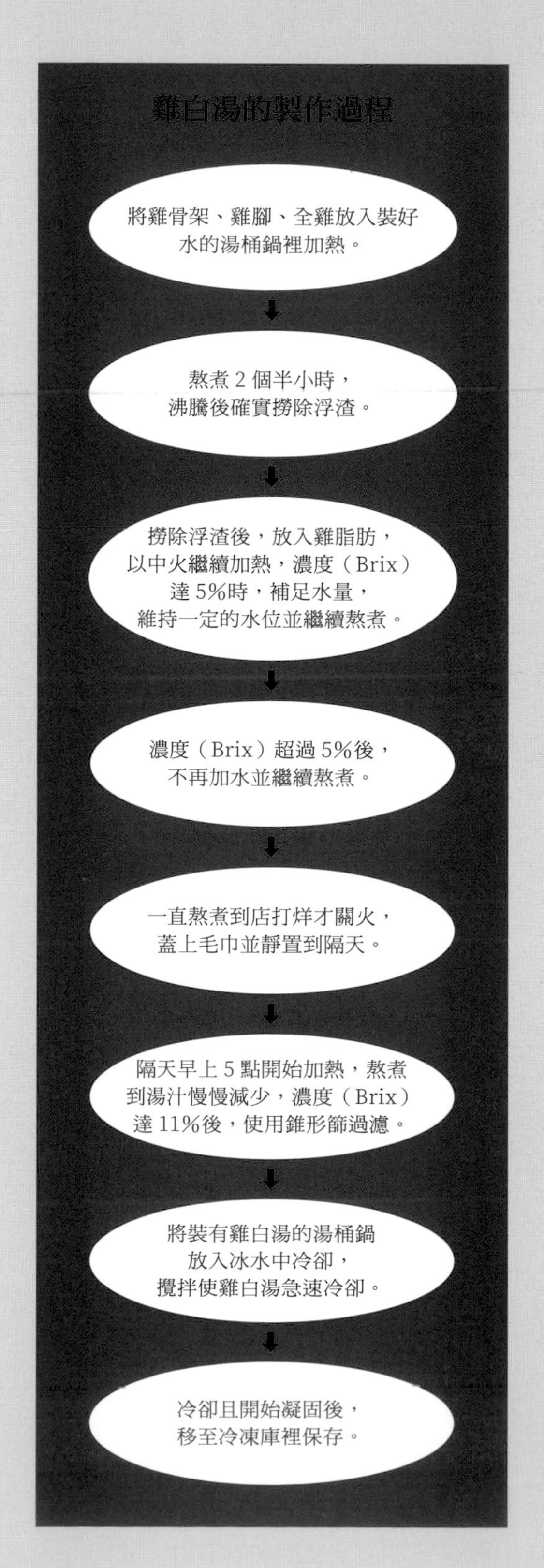

2

熬煮2個半小時之後，撈除浮渣。持續撈除浮渣60分鐘左右，確實將浮渣清乾淨。

3

浮渣撈除乾淨後，放入雞脂肪，並將火候調弱為中火，熬煮過程中補足減少的水量，直到濃度（Brix）達5％。

4

濃度（Brix）超過5%後，不再加水，持續熬煮至湯汁慢慢減少。

5

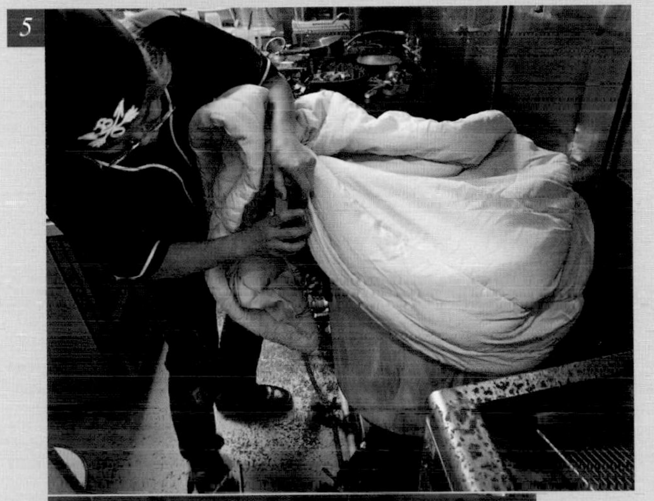

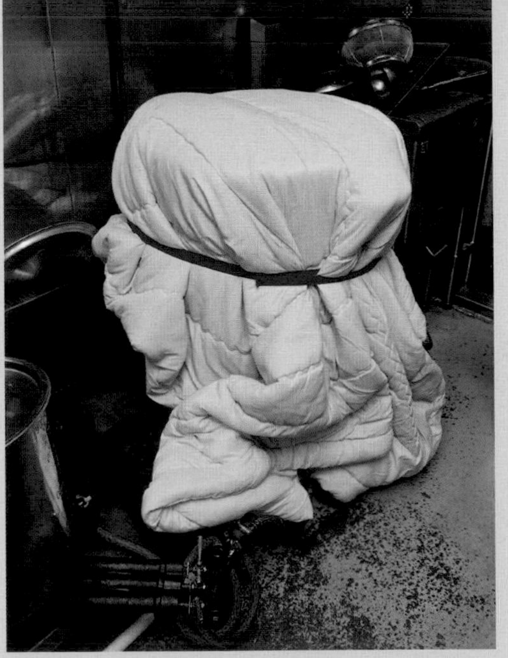

熬煮至22點的打烊時間，然後關火。用大毛巾將整個湯桶鍋綁起來，並設置一個溫度計在裡面。

6

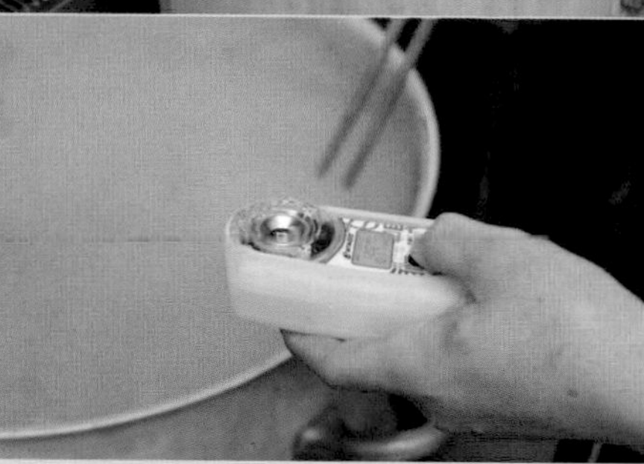

隔天早上，確認溫度是否達80℃以上，並且於5點時再次開始加熱。持續熬煮至濃度（Brix）達11％。

7

濃度（Brix）達11％之後（開始加熱的大約2個半小時後），開始過濾。使用細網格的錐形篩，並且以湯杓底部用力按壓錐形篩內的食材。使用細網格錐形篩過濾，目的是避免雞肉纖維也跟著流進湯頭裡。

8

將裝有湯頭的湯桶鍋放入蓄滿冰水的水槽裡。單純靜置於水槽裡，容易形成沉積物，另外也為了讓湯頭盡快冷卻，於溫度下降2～3℃後，開始使用手持攪拌機輔助混拌均勻與降溫。湯頭冷卻且開始凝固後，移至冷凍庫裡保存。

吊烤豬梅花肉叉燒

吊烤豬梅花肉叉燒用於期間限定拉麵、特製配料、單品配料、叉燒拉麵等餐點中。選用口感和味道都一流的霧島豬來製作豬梅花肉叉燒。蓋鍋蓋的狀態下持續低溫燒烤。店家也對外販售整條吊烤豬梅花肉叉燒。

材料

豬梅花肉（霧島豬）、鹽醃液（鹽、砂糖、水）、醬汁（醬油、蔗砂糖、日本清酒、大蒜、生薑、洋蔥、朝天椒）、櫻花木片

作法

1

將豬梅花肉和鹽醃液一起裝入真空包裝袋中，靜置 24 小時。

2

將豬梅花肉移至裝有醬汁的真空包裝袋中，靜置 48 小時。

3

將豬梅花肉吊掛於吊烤機中，油花部位朝向內側。放好櫻花木片後，從最小火開始加熱。燒烤時滴落的油脂，作為限定拉麵的風味油使用。

雞油

雞油作為「清淡雞魚貝拉麵」和「濃厚雞白湯拉麵」的風味油使用。雞白湯裡另外添加雞脂肪，所以雞油用量略微少一些，和湯頭加總起來共 15 ㎖(1 人份)。

材料

雞脂肪（京紅土雞）、水、洋蔥、大蒜、朝天椒

作法

1

切碎雞脂肪並放入水中熬煮。水分蒸發後，取出變酥脆的雞脂肪。

4

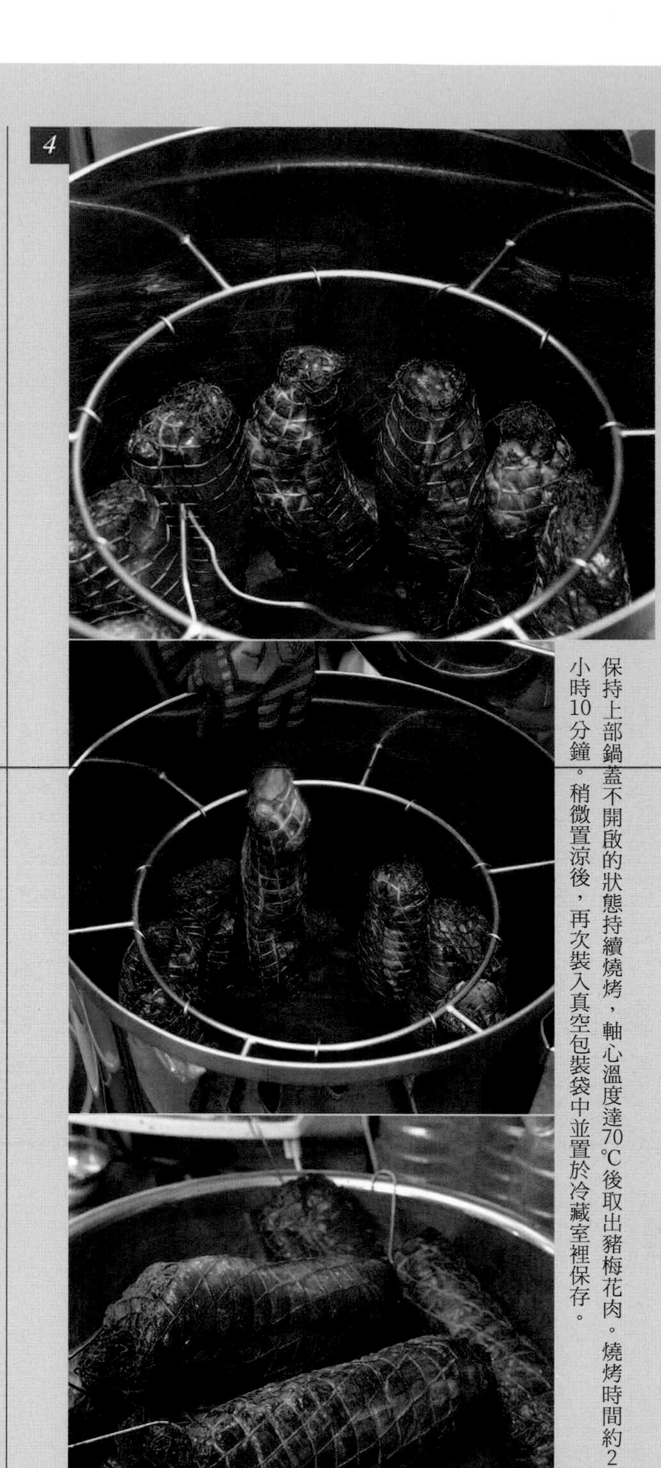

保持上部鍋蓋不開啟的狀態持續燒烤，軸心溫度達70℃後取出豬梅花肉。燒烤時間約2小時10分鐘。稍微置涼後，再次裝入真空包裝袋中並置於冷藏室裡保存。

2

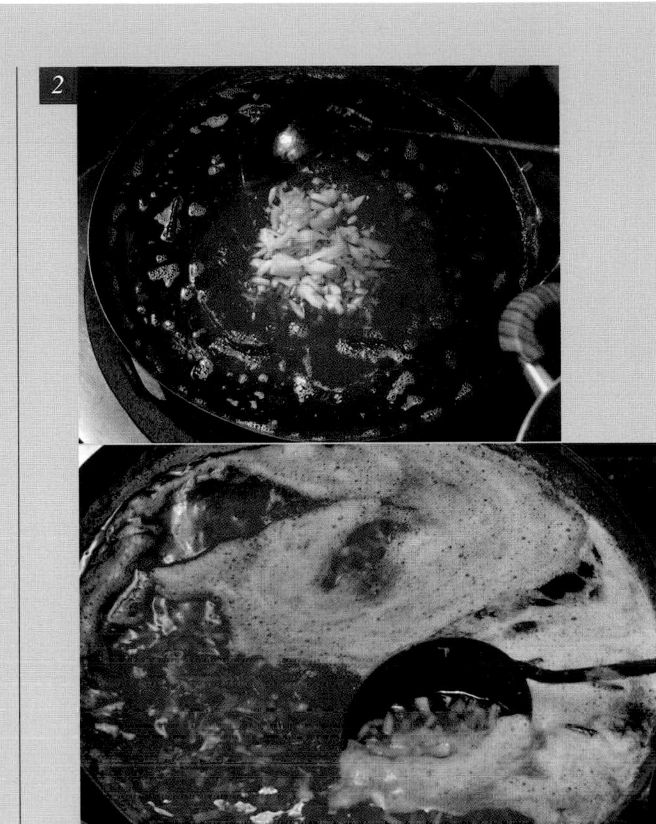

將洋蔥和大蒜切細碎，連同朝天椒一起放入鍋裡熬煮。

3

持續熬煮至洋蔥變褐色，並且散發陣陣香氣。

4

出現香氣後，使用濾網過篩。於濾網中鋪廚房紙巾，再過篩一次。

5

置涼後冷凍保存，避免氧化。

中粗直麵

「濃厚雞白湯拉麵」配置 16 號切麵刀切條的中粗直麵；「清淡雞魚貝拉麵」則配置 20 號切麵刀切條的細直麵。每天製作中粗直麵，每 2 天製作一次細直麵。除此之外，也會根據期間限定拉麵的需求製作麵條。中粗直麵主要使用中華麵專用麵粉「（特）飛龍」和「（特）number one」，並且添加「海洋」麵粉以打造紮實口感，添加「AYAHIKARI II」麵粉以打造 Q 彈口感。

材 料

小麥麵粉（特飛龍、特 number one、海洋、AYAHIKARI II）、赤鹼水、鹽、π 水（經 π 水淨化器處理過的水）、手粉

作 法

1

量測所需小麥麵粉並混合在一起，以攪拌機攪拌 1 分鐘。店家使用大和製作所的製麵機。接著將赤鹼水分 2 次添加，確實混拌均勻。

2

攪拌過程中，刮下沾黏於攪拌葉和內側壁上的麵糊，共攪拌 15 分鐘，然後靜置醒麵 15 分鐘。鹼水用量少，大約是麵粉用量的 0.5%，鹽巴用量則是麵粉用量的 1%。冬季的加水率為 40 ～ 42%，夏季的加水率為 38 ～ 40%。

3

製作成粗麵帶。

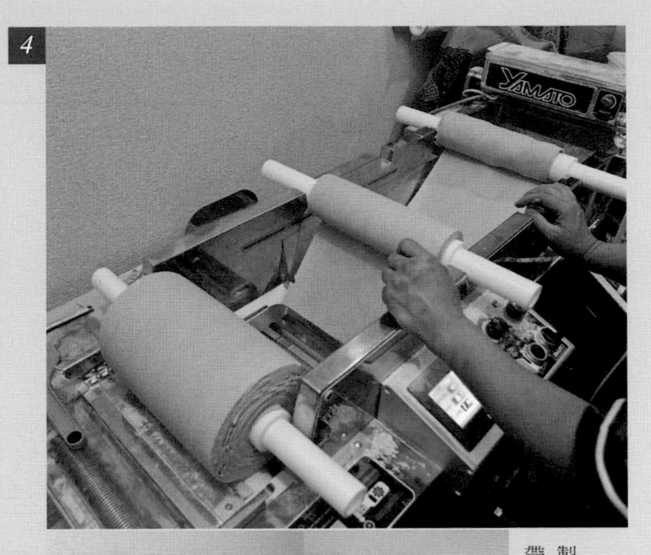

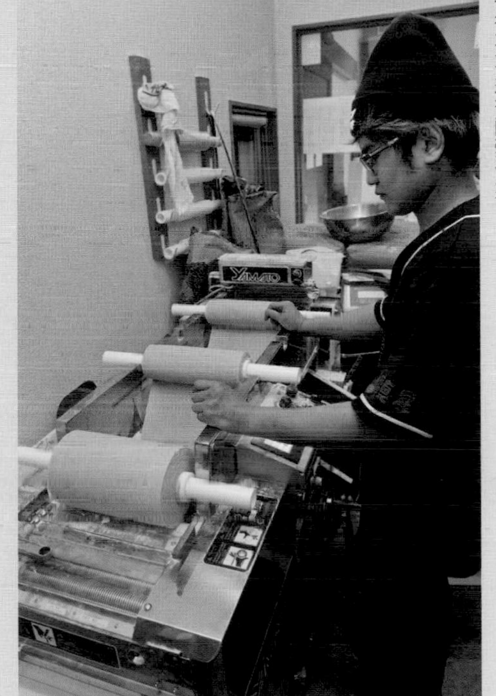

製作成粗麵帶後，進行2次複合作業。由於麵皮柔軟，製作成麵帶後不再進行醒麵作業。

邊撒上手粉邊進行壓延作業。

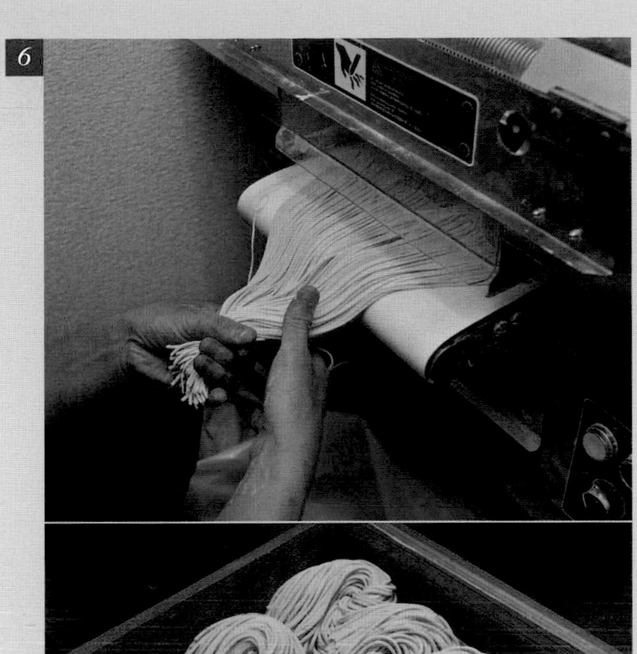

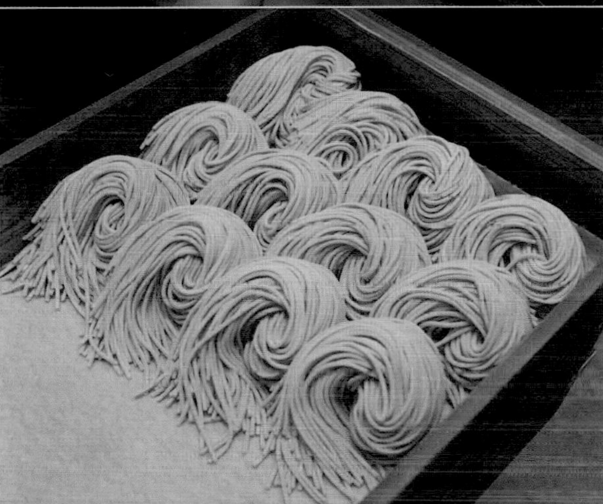

進行1次壓延作業後開始切條。使用16號方形切麵刀。製作好的麵條於當天營業時段使用。

麵屋武藏　職人魂究極拉麵調理技法

定價 880 元　20.7x 28 cm　288 頁　彩色

堅持創新，引領業界新風潮
打造出「此店獨有的美味」
讓連鎖體系不再是限制發展的枷鎖

麵屋武藏十四間店招牌餐點製作流程公開！
從材料到製作步驟，全彩照片配文字解說，美味不藏私！
不只有麵屋武藏，還有十二道創新的高品質創作拉麵「金乃武藏」獨家機密食譜！
從湯頭到調味、叉燒、溏心蛋、濃厚系高湯、動物系高湯、沾麵等，開一間拉麵店所需要的食譜，盡在本書！

拉麵，最初起源於中國，明治時期傳入日本後，逐漸發展出獨特的在地風味。時值今日，拉麵已經與壽司一樣，成為日本文化的代表，而在拉麵店於全球遍地開花的現在，日本的拉麵職人們，又將帶給顧客什麼樣的感動？

本書介紹日本大型連鎖拉麵店「麵屋武藏」的起源及發展，從創始店至日本各地分店，秉持著一樣的信念，不一樣的特色，不拘泥於食材，不守舊，竭力打造出獨一無二的創意料理，才能在拉麵的一級戰區中拓展版圖。

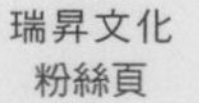

瑞昇文化
粉絲頁

瑞昇文化
Instagram

瑞昇文化
http://www.rising-books.com.tw
＊書籍定價以書本封底條碼為準＊
購書優惠服務請洽：
TEL｜02-29453191
Email｜deepblue@rising-books.com.tw

亞洲人氣麵料理

定價 420 元　19x 25.7 cm　420 頁　彩色

鮮美餛飩漂浮在清爽蛋麵湯的港式雲吞麵 、
辛香料搭配中藥熬煮帶骨豬五花肉的肉骨茶麵、
麻辣味＋黑醋酸讓人一吃難忘的重慶酸辣粉……

18 家熱門旺店，31 道人氣麵食，
是開店創業的最佳參考菜單，
也是麵食控最愛的美味食譜！

從美味爽口的韓式冷麵到香氣撲鼻的越南河粉，從彈牙可口的中式炒麵到酸辣開胃的泰式金麵，亞洲麵食不僅多樣，更是文化的傳承與創新的交織，每一道麵食都承載著故事，每一口都是對傳統的致敬。

亞洲麵食有其獨特的風味和製作方法。想開設一家人氣鼎沸的麵店嗎？想要在家也能自製正宗的亞洲風味麵嗎？那就跟隨本書，一起深入亞洲麵食的世界，發掘那些令人垂涎三尺的秘密吧！

TITLE

名店精選 美味拉麵調理技術

STAFF

出版　瑞昇文化事業股份有限公司
編著　旭屋出版編集部
譯者　龔亭芬

創辦人 / 董事長　駱東墻
CEO / 行銷　陳冠偉
總編輯　郭湘齡
責任編輯　張聿雯
文字編輯　徐承義
美術編輯　謝彥如
國際版權　駱念德　張聿雯

排版　曾兆珩
製版　印研科技有限公司
印刷　桂林彩色印刷股份有限公司

法律顧問　立勤國際法律事務所　黃沛聲律師
戶名　瑞昇文化事業股份有限公司
劃撥帳號　19598343
地址　新北市中和區景平路464巷2弄1-4號
電話 / 傳真　(02)2945-3191 / (02)2945-3190
網址　www.rising-books.com.tw
Mail　deepblue@rising-books.com.tw
港澳總經銷　泛華發行代理有限公司

初版日期　2024年8月
定價　NT$480／HK$150

ORIGINAL JAPANESE EDITION STAFF

撮影　曽我浩一郎（旭屋出版）、川井裕一郎、佐々木雅久、野辺竜馬、間宮 博
デザイン　冨川幸雄（Studio Freeway）
編集・取材　井上久尚／河鰭悠太郎　松井さおり

國家圖書館出版品預行編目資料

名店精選 美味拉麵調理技術 / 旭屋出版編集部編著 ; 龔亭芬譯. -- 初版. -- 新北市 : 瑞昇文化事業股份有限公司, 2024.08
160面 ; 20.7x28公分
ISBN 978-986-401-757-7(平裝)

1.CST: 麵食食譜 2.CST: 烹飪 3.CST: 日本

427.38　113008620